湖泊生态修复原理与实践

王圣瑞　张淑荣 等　编著

科　学　出　版　社

北　京

内 容 简 介

本书基于国家水专项湖泊生态修复研究成果,结合国内外其他相关研究进展,按照原理解析—技术应用—工程维护管理的湖泊生态修复链条,以机理原理创新和修复工程的维护管理为重点,也涉及生态修复的技术发展与应用实践等内容,重点从湖泊生态系统修复及稳态转化与生境要素及主要生物类群修复的视角,围绕富营养化湖泊生态系统稳态转换过程、生境要素驱动与蓝藻水华发生、沉水植物修复、食物网调控及高原重污染湖泊滇池、高原富营养化初期湖泊洱海和长江中下游湖泊生态修复机理等问题,总结了我国湖泊生态修复原理主要研究进展及成果;从湖泊生态修复技术发展及应用与生态修复工程维护管理的层面,对我国湖泊生态修复的工程技术问题进行了梳理和总结,并对我国湖泊生态修复进行了展望。

本书是对我国湖泊生态修复成果的较好总结,对我国湖泊管理与湖泊保护及生态修复具有重要的参考价值和支撑作用,可供从事湖泊保护与治理、水环境管理及规划与生态环境保护修复和水利管理等方面工作的管理人员、科研人员和大专院校师生等参考。

图书在版编目(CIP)数据

湖泊生态修复原理与实践/王圣瑞等编著. —北京:科学出版社,2021.10

ISBN 978-7-03-069828-5

Ⅰ.①湖… Ⅱ.①王… Ⅲ.①湖泊–生态恢复–研究 Ⅳ.①X524

中国版本图书馆 CIP 数据核字(2021)第 187512 号

责任编辑:刘 冉 / 责任校对:杜子昂
责任印制:吴兆东 / 封面设计:北京图阅盛世

科 学 出 版 社 出版

北京东黄城根北街 16 号
邮政编码:100717
http://www.sciencep.com

北京建宏印刷有限公司 印刷

科学出版社发行 各地新华书店经销

*

2021 年 10 月第 一 版   开本:720×1000 B5
2021 年 10 月第一次印刷   印张:12
字数:240 000

定价:120.00 元
(如有印装质量问题,我社负责调换)

编著者名单

王圣瑞　张淑荣　李　剑
豆俊峰　沈　宏　谢　平
倪兆奎　白　灵　徐　莹
曹　巍　成　祥　耿淑英
郭彦青　夏　梦

前　言

我国湖泊众多，类型多样，分布广泛。湖泊作为我国非常重要的国土资源，极具生态价值，在水源供给、气候调节、洪水调蓄和生物多样性维持及其他重要生态功能方面发挥着不可替代的作用。同时，我国也是世界湖泊富营养化最为严重的国家之一。云贵高原湖区和长江中下游湖区是我国湖泊水污染及富营养化问题最突出的区域，湖泊生态系统结构和功能严重退化，生态服务价值严重受损，不仅损害了湖泊生态系统健康，也制约了区域经济社会的可持续发展。

近 20 年来，我国集中实施了一系列湖泊保护与修复计划及项目，针对湖泊水质改善、富营养化控制与生态修复等开展了大量研究。"十五"期间国家科技部设立了"太湖水污染控制与水体修复"专项，开展了湖泊生态恢复与重建技术研究与工程示范；实施了"湖泊富营养化过程与蓝藻水华暴发机理研究"和"长江中下游地区湖泊富营养化的发生机制与控制对策研究"等国家重点基础研究发展计划（"973"计划）项目；"十一五"启动的国家水体污染控制与治理科技重大专项（水专项）设立了湖泊主题，选择太湖、滇池、巢湖等典型湖泊开展富营养化湖泊综合整治技术研发及工程示范，旨在为我国湖泊水污染防治与富营养化全面控制及水环境状况的根本好转提供技术支撑及工程范例。

伴随湖泊富营养化治理与保护修复研究的深入及治理投入的不断加大，我国湖泊水环境状况明显改善；但我国湖泊大范围生态退化的总体格局尚未根本性改变，湖泊水生态系统退化问题突出，蓝藻水华风险依然较大。特别是外源污染负荷削减虽成效明显，但入湖污染负荷依然较高，湖泊保护治理与生态修复任务艰巨。因此，非常有必要系统梳理和总结我国湖泊保护与生态修复相关基础研究、技术研发及工程应用等方面取得的进展及成果，不仅可有效支撑我国湖泊保护与修复工程，也可进一步明确下一步科学研究和保护治理及修复的重点。

基于此，本书基于国家水专项湖泊生态修复研究成果，同时结合国内外其他项目相关研究进展，重点从湖泊生态系统修复及稳态转化与生境要素及主要生物类群修复的视角，围绕富营养化湖泊生态系统稳态转换过程、生境要素驱动与蓝藻水华发生、沉水植物修复、食物网调控以及高原重污染湖泊滇池、高原富营养化初期湖泊洱海和长江中下游湖泊生态修复机理等问题，总结了我国湖泊生态修复机理方面的主要研究进展及成果。从湖泊生态修复的技术发展及应用与生态修复工程维护管理的层面，回顾了湖泊生态修复技术发展，总结了相关技术应用与技术模式及组合；分析了湖泊生态修复工程运行维护管理存在的问题，明确了我国湖泊生态修复工程运行维护管理的主要内容，并探讨了云贵高原和长江中下游湖泊生态修复工程维护管理及应用相关问题；最后还对我国湖泊生态修复问题进行了展望。本书的特色在于按照原理解析—技术应用—工程维护的湖泊生态修复链条，以机理原理创新和修复工程的维护管理为重点，也涉及生态修复技术发展、应用等内容，意在提升我国湖泊生态修复的科学支撑能力与工程化水平。

本书共 10 章，第 1 章由王圣瑞和张淑荣编写，总结了我国湖泊生态环境总体特征、富营养化湖泊治理与修复主要内容及需要解决的主要问题。第 2 章由张淑荣、白灵和王圣瑞编写，梳理了富营养化湖泊生态修复机理主要进展，重点分析了富营养化湖泊生态系统稳态转换过程、生境要素驱动、蓝藻水华发生机制、沉水植物群落演替和食物网调控等方面的内容。第 3 章由李剑和徐莹编写，以高原重污染湖泊滇池为例，总结了高营养负荷条件下湖泊清水稳态构建的机理创新。第 4 章由李剑和王圣瑞编写，以洱海为例，梳理了高原富营养化初期湖泊的水生态退化机理，总结了水生态系统优化调控关键参数创新与应用效果。第 5 章由沈宏和谢平编写，分析了长江中下游湖泊主要生态环境问题及退化机理，提出了针对性的修复建议。第 6 章由王圣瑞、倪兆奎、成祥和豆俊峰编写，回顾了我国湖泊生态修复技术的发展，分析了多项关键技术的组成与应用，并总结了湖泊分区生态修复技术模式与组合。第 7 章由豆俊峰、耿淑英、郭彦青编写，分析了湖泊生态修复工程运行维护管理存在的问题，提出了湖泊生态修复工程运行维护管理对策。第 8 章由豆俊峰、夏梦和王圣瑞编写，总结了云贵高原湖泊重点修复工程维护管理技术原理及应用。第 9 章由曹巍和豆俊峰编写，总结了长江中下游湖泊重点修复工程维护管理技术原理及应用。第 10 章由张淑荣和王圣瑞编写，提出了我国湖泊生态修复所面临的挑战和展望。本书是在梳理总结我国湖泊生态修复相关项目课题研究成果基础上完成，总体设计与内容组织由王圣瑞负责，张淑荣等负责统稿；团队部分研究生参与了部分校对等工作。

本书内容基于国家水专项课题成果，是"国家水体污染控制与治理技术体系与发展战略"（2018ZX07701-001）与"受损水体修复技术与应用"（2017ZX07401-003）两课题的研究成果。国家水专项管理办公室给予了大力支持，国家水专项总体组及相关专家给予了多次指导，凝聚了多位作者的辛勤付出，衷心感谢各位专家的支持和辛勤付出，特别感谢水专项流域面源污染治理与水体生态修复成套技术及应用标志性成果专家及团队。本书的出版得到水专项课题"国家水体污染控制与治理技术体系与发展战略"（2018ZX07701-001）资助。

限于时间和水平有限，本书难免存在不足之处，敬请读者批评指正。

作　者

2021 年 6 月

目 录

第1章　我国湖泊水环境状况及生态修复需要解决的主要问题

湖泊富营养化是由于氮磷等营养物过量输入而使湖泊从生产力水平较低的贫营养状态向生产力水平较高的富营养状态的变化过程（王明翠等，2002）。湖泊富营养化引起水质恶化、透明度下降、藻类水华发生、沉水植物减少、群落结构简单化等系列生态环境问题，严重威胁湖泊生态系统健康，并制约社会经济可持续发展。富营养化作为我国湖泊所面临的主要环境问题，政府、企业及科学家与民众都高度重视，投入大量人力、财力和物力，开展了大量调查分析、理论探索、技术研发和工程示范与治理管理等工作，虽然我国湖泊水环境质量总体得到一定程度改善，但生态修复任务仍非常艰巨。因此，了解我国湖泊生态环境特别是水环境总体特征、富营养化湖泊治理与生态修复状况及生态修复需要解决的主要问题等，对进一步提升我国湖泊生态修复工程化水平十分必要。

1.1　我国湖泊水环境总体状况

我国政府高度重视湖泊水污染治理与生态系统保护及修复工作，尤其是党的十八大提出生态文明建设的总体要求以来，国家对湖泊生态修复力度不断加大，特别是对以太湖、滇池和巢湖"三湖"为代表的重点和重要湖泊流域大力推进了水污染防治和生态修复，为我国大规模治理和修复湖泊提供了较好的技术储备与管理经验。其重要变化体现在伴随控源治污、湖泊水体及流域综合治理修复工作的推进，我国湖泊生态环境状况得到一定程度改善，尤其是水环境质量明显改善，但水生态系统的响应呈现滞后性，藻类水华并没有得到根本性控制；同时，面临较大的经济社会发展需求和压力，我国现阶段水污染防控的任务仍然繁重。因此，科学的总结和认识我国湖泊水环境状况十分必要。

1.1.1　湖泊水质持续改善，营养状态总体向好

基于近二十年（生态）环境状况公报（图 1.1），我国湖泊水质和营养状态总体向好，呈持续改善趋势。2010 年后，我国拥有Ⅰ～Ⅲ类水质的湖泊数量显著增加，而Ⅴ类和劣Ⅴ劣水质湖泊数量显著减少，重度和中度富营养状态湖泊数量显

著减少，贫营养状态湖泊数量显著增加。2019 年，国家开展水质监测的 110 个重要湖泊（水库）中，水质好于Ⅲ类水质标准的湖泊（水库）占 69.1%，比 2010 年上升 46.1 个百分点；劣Ⅴ类占 7.3%，比 2010 年下降 31.2 个百分点。开展营养状态监测的 107 个重要湖泊（水库）中，贫营养状态湖泊（水库）占 9.3%，中营养状态占 62.6%，轻度富营养状态占 22.4%，中度富营养状态 5.6%。其中，"三湖"太湖、巢湖和滇池均为轻度污染，营养状态全湖平均均为轻度富营养状态。

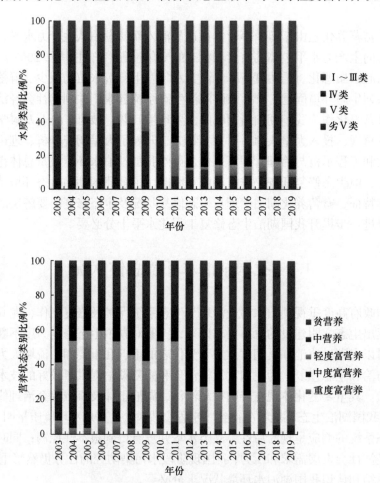

图 1.1　全国水质类别比例和营养状态类别比例变化特征
数据来源：中国（生态）环境状况公报

　　以滇池为例，过去十五年水质改善显著，呈持续向好趋势，"十一五"期间水质恶化趋势得到遏制，"十二五"明显改善，"十三五"企稳向好。氮磷营养盐浓度显著下降，营养状态也改善明显，滇池总体由重度富营养转为轻度富营养。

1.1.2　湖泊藻类水华风险依然较大，生态修复任重道远

虽然我国湖泊水质呈总体改善趋势，大部分湖泊氮磷含量逐步降低，但湖泊生态系统恢复响应滞后，蓝藻水华发生程度并未改善，水华风险依然较大，生态修复任务艰巨。现阶段太湖、巢湖、滇池等湖泊蓝藻水华仍频频发生，通过卫星遥感监测到近年来太湖蓝藻水华发生面积和发生次数均在增加，尤其是在高温年份（图 1.2）。2019 年 4～10 月监测共计发现蓝藻水华聚集 129 次，与 2018 年同期相比发生次数有所增加，平均和最大发生面积分别增加 39.3%和 93.9%。

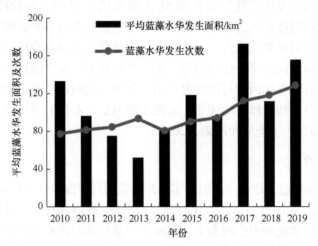

图 1.2　太湖近年来蓝藻水华发生面积和发生次数变化特征

数据来源：江苏省（生态）环境状况公报

1.1.3　外源污染依然严峻，流域水污染排放总量超过承载能力

我国快速经济社会发展与脆弱的水生态环境禀赋条件决定了湖泊水污染防治的长期性和艰巨性。尽管国家日益加大湖泊生态保护和治理力度，但大部分湖泊流域水污染排放总量仍超水环境承载能力，外源污染形势依然严峻，环境保护与经济社会发展间矛盾仍然突出，削减污染负荷，加大污染治理力度任重道远。

以云贵高原的滇池为例，地处三江之源，无大江大河补给，人均水资源量 209 m³，仅为全国人均水资源量的 9.2%，属于水资源极度匮乏地区；同时，滇池流域也是云南省人口高度集中、工业化和城市化程度、经济社会发展水平、投资增长和社会发展等程度均较高，经济社会活力也较高；滇池流域面积占云南省总土地面积的 0.7%，但承载着全省 24%的 GDP 和 7.6%的人口（潘珉和高路，2010）。滇池流域社会经济发展与生态环境保护间矛盾突出，伴随人口急速增长和经济社会快速发展，流域生态空间被挤占，湖泊河流水生态退化，水体富营养化严重。尽管从"九五"开始，滇池水污染治理和生态修复受到高度重视，污染治理力度

不断加大，污水收集处理能力和污染负荷削减能力大幅提升，但入湖污染负荷仍远超滇池水环境承载力。2017 年流域 TN 和 TP 的入湖量为 6265 吨和 566 吨，远超过滇池流域水污染防治"十三五"规划目标水环境容量，滇池外源污染削减任务仍然十分艰巨。

1.2 我国富营养化湖泊治理与修复的主要内容

我国湖泊富营养化问题开始于 20 世纪 50 年代，随人口增加和社会经济发展，湖泊富营养化问题逐渐成为我国环境、资源和生态安全的重要威胁，成为水生态系统保护与修复的重要关注点。总体上，我国富营养化湖泊治理与生态修复开展的工作主要包括监测评价、控源治污、生态修复和流域综合修复管理等方面。

我国湖泊富营养化治理与修复也经历了从单一的调查监测与评价、控源治污向湖泊流域综合治理与修复的转变，实现了湖泊富营养化治理与修复的战略转变（王圣瑞等，2016；王圣瑞和段彪，2018）。

1.2.1 监测评价

富营养化湖泊监测评价主要包括实地调查监测与评价和遥感监测等。从 20 世纪 50 年代开始，我国湖泊富营养化问题开始出现，政府和科研人员对富营养化问题的研究主要以实地调查监测为主，实施了一系列的调查和基础研究，包括"主要污染物水环境容量研究""全国主要湖泊水库富营养化调查研究"和"我国典型湖泊氮、磷容量与富营养化综合防治技术研究"等。通过这些研究项目的实施，基本摸清了我国湖泊及其富营养化现状，发展了湖泊富营养化调查诊断技术，建立了湖泊富营养化调查方法与指标体系，制定了《湖泊富营养化调查规范》（试行版和第二版），为我国湖泊水环境和富营养化调查提供了技术指南等支撑（王圣瑞等，2016）。此外，在调查监测的基础上发展了湖泊营养状态评价方法，水利部门和环境保护部门也分别颁布了湖库营养状态评价标准和分级方法，即《地表水资源质量评价技术规程》（SL 395—2007）和《地表水环境质量评价办法（试行）》（环办〔2011〕22 号）。在实地调查的常规湖泊水文、水质、水生态监测日趋成熟和完善的同时，遥感技术也逐渐应用于湖泊水生态环境监测，以满足湖泊生态系统监测的长期、实时、动态、大范围等要求（江和龙等，2020）。遥感监测技术目前主要应用于水温、透明度、总悬浮物质、有机物、叶绿素、温室气体等湖泊生态环境指标的监测，在湖泊生态环境数据获取与分析方面发挥着重要作用。

1.2.2 控源治污

随着我国工业化和城镇化快速发展，工业和城镇生活污水成为"九五"时期我国湖泊营养盐主要来源,同时农业和农村面源污染也逐渐显现,"控源治污"成为该时期湖泊水环境治理主要治理策略,主要围绕城镇工业源、生活源、农业和农村面源及湖泊内源污染控制,大力发展了城镇生活及工业污水处理技术、农村生活污水处理技术、流域农业面源污染防治技术和湖泊污染底泥疏浚技术等技术。

1991 年国家启动了第一期太湖治理工程,开展了一系列水污染治理行动;1998 年底的"聚焦太湖零点达标"行动,以太湖流域工业污染源达标排放为目的,实现了太湖流域内 70%~80%的工业污水排放达到控制。现阶段我国湖泊治理与修复策略已经从"控源治污"转变为"控源治污与生态修复并重",其中"控源治污"仍然是富营养化湖泊治理与修复的重要内容,是开展湖泊生态修复的前提。

1.2.3　水体修复

随着对湖泊治理研究的深入,逐步认识到单纯的控源治污,无法真正实现对湖泊水生态系统状况的改善,湖泊富营养化及其引起的生态环境问题,并不是单一的水质问题。需要在污染源控制的基础上重视湖泊生态系统的良性循环,充分发挥湖泊生态系统自我调节能力,才能实现湖泊富营养化治理与修复。因此,在进行湖泊污染源治理的同时,湖泊生态系统恢复与重建工作逐渐开展起来,布局了多个湖泊生态修复示范工程与环境管理能力建设等项目。湖泊水体生态修复按照湖泊功能区分湖滨带与缓冲带、入湖河口与湖滨大型湿地、湖湾及浅水区和敞水区等区域实施生态调控,相应的修复技术得到发展和应用。例如,湖滨带和缓冲带生态修复技术包括人工湿地技术、人工浮岛技术、前置库技术与湖泊陡岸带基底恢复技术等;湖泊水体水质改善与生态修复技术包括高等水生植物修复技术、生物操控技术及水生态综合调控技术等。

1.2.4　流域修复与综合管理

多年的湖泊保护与治理实践使人们进一步认识到湖泊富营养化实质上是湖泊生态系统对流域人类活动,如污染排放水平与社会经济发展模式等方面的响应。湖泊富营养化状态及变化趋势受到流域社会经济发展阶段、自然生态环境状况、环境污染程度和生态保护投入等直接影响。因此,富营养化湖泊治理与修复需要从流域层面调整生产生活方式与社会经济发展理念,积极探索统筹山水林田湖草一体化保护和修复,开展湖泊流域综合修复,持续推进流域生态工程建设。流域综合修复战略的提出标志着我国湖泊保护和修复进入了一个新阶段,随着湖泊保护及修复思路的转变,许多综合的湖泊保护与修复思路和技术体系得到了发展。例如在总结洱海、抚仙湖、星云湖和杞麓湖的湖泊治理与修复工作基础上,金相灿等(2013)提出了"湖泊绿色流域建设"的治湖新理念,以"污染源系统控制、清水产流机制修复、湖泊水体生境改善、系统管理与生态文明建设"为思路,以六大体系为主要建设内容实施湖泊综合治理与修复（图1.3）；另外，2018年以来"湖长制"在全国的全面推行，也进一步推动了湖泊流域综合修复。

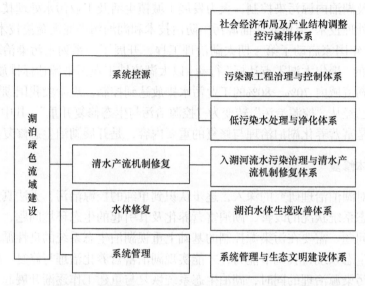

图1.3 湖泊绿色流域建设六大体系概念框架图（金相灿等，2013）

1.3 我国湖泊生态修复需要解决的主要问题

尽管我国湖泊水质总体有了很大程度改善，但湖泊生态系统仍较脆弱，社会经济发展带来的生态保护与修复压力依然较大。已开展的湖泊生态修复工作在修复机理研究、技术集成、标准规范和工程维护管理等方面存在不足，影响了湖泊生态修复工程整体效益的发挥。科学认识这些问题对于提高我国富营养湖泊生态修复效益和推进规模化湖泊生态修复有着重要指导意义。

1.3.1 对机理原理的认识存在较大不足

国际上关于湖泊富营养化发生机理和治理及修复原理等方面的基础研究多是以深水湖泊为主，而我国富营养化湖泊则主要为浅水湖泊，由于浅水湖泊和深水湖泊具有不同的地貌形态、水文水动力过程和物质循环等特征，因此，关于我国富营养化湖泊生态修复缺乏丰富的可供借鉴的国际经验，主要是以我国学者开展的研究成果为主。湖泊富营养化问题是一个复杂的水环境问题，涉及湖泊生态系统生物和非生物组成及其相互关系等内容。富营养化与生态系统变化的关系是治理与修复富营养化湖泊的关键问题，但关于湖泊生态系统变化和修复机理的认识仍不清楚，如蓝藻水华发生机理、沉水植物退化与重建机理等，制约了湖泊治理与修复的成效。因此,需要梳理和总结湖泊生态修复的机理发现与突破创新,为进一步规模化开展湖泊生态修复实践提供理论支撑及科学基础。

1.3.2 关键技术及集成体系不健全

目前我国湖泊生态修复相关技术发展迅速,很多技术逐渐趋于成熟,但尚未建立健全的生态修复技术体系,极大限制了技术的推广与应用,无法满足规模化湖泊生态修复的技术需求。主要表现为:技术大多处于分散孤立状况,问题针对性不强,关键技术之间相互关联作用不协调,技术系列化程度较低,整体集成度不高,成套化不足。因此,需通过研究不同区域需要解决的水生态环境问题,甄选适用的湖泊生态修复技术,评价技术的适用范围和应用条件,识别共性关键技术和支撑技术,构建湖泊生态修复模式和完整技术链条,集成适用于不同湖泊功能区的成套技术及组合修复模式,满足不同区域差异性的湖泊水生态治理与修复需求,为进一步规模化开展湖泊生态修复提供技术支撑。

1.3.3 标准规范严重缺失

标准化是技术工程化应用的前提,但我国湖泊生态修复技术标准化程度较低,标准规范数量少,且系统性较差,欠缺湖泊生态修复工程系列标准,缺乏对生态修复技术的共性和个性指导,尤其是缺少反映不同流域特征的适用性湖泊生态修复技术标准指南等,严重制约生态修复技术的工程化应用与推广。因此,需要推动湖泊生态修复技术的系列化和标准化建设,构建生态修复技术标准规范,包括指南、规程和导则等,为规模化开展湖泊生态修复提供技术标准支撑。

1.3.4 工程维护管理的技术支撑不到位

尽管我国富营养化湖泊生态修复取得了一定成效,部分湖区成功构建了水生植物群落,实现了湖泊生态系统浊清稳态转化,但生态修复工程建设普遍存在着"重治理修复,轻维护管理"的现象,修复工程运行维护管理存在管理机制不健全、管理制度缺失、管理办法不完善和管理手段落后等问题,尤其是工程维护管理的技术支撑不到位,极大影响了修复后湖泊生态系统的稳定维持及健康发展。因此,需要提出相应的修复工程运行维护管理支撑技术。

1.4 本 章 小 结

我国政府、学者、企业及民众等均高度重视富营养化湖泊治理保护与修复。随富营养化湖泊治理与修复工作的开展,近年来湖泊水环境质量改善响应显著,水质和营养状态总体向好,并持续改善,但湖泊水生态系统恢复则响应滞后,蓝藻水华风险依然较大，外源污染依然严峻。

我国富营养化湖泊水污染治理与生态修复工作主要包括调查监测与评价、控源治污、湖泊及流域生态修复等方面。我国富营养化湖泊治理与修复已经从单一的调查监测与评价、控源治污转变为湖泊流域综合治理，实现了湖泊富营养化治理与修复的战略转变。目前我国富营养化湖泊生态修复工作仍存在着一些不足，包括对机理原理的认识存在较大不足、关键技术及技术集成体系不健全、标准规范缺失严重和工程维护管理的技术支撑不到位等方面。针对湖泊生态修复机理原理、技术、标准规范和工程维护管理等研究与实践的梳理和总结对支撑湖泊生态修工程化应用具有十分重要的作用。

第 2 章　我国湖泊稳态转换及生态系统 修复研究进展

湖泊富营养化过程的本质是过量氮磷输入等导致湖泊生态系统结构和功能发生退化的过程,进而促使湖泊生态系统发生从草型清水稳态向藻型浊水稳态的转换过程。富营养化湖泊生态修复是通过一系列自然或人工措施,使已经退化的水生生态系统恢复或修复到预期的水平,其关键是要维持或改善湖泊生态系统自身的动态平衡和稳定性。探究湖泊生态系统变化过程和生境要素驱动与主要生物类群修复是研究富营养化湖泊生态修复机理原理的主要内容,梳理总结我国富营养化湖泊生态修复机理原理研究进展,可为进一步开展规模化湖泊生态修复提供理论依据和科学指导。

2.1　富营养化湖泊生态系统稳态转换的阶段性

生态系统过程具有明显的阶段性,不同阶段生态系统结构和功能存在较大差异,相对稳定的阶段性暂态变化过程称为稳态转化(Scheffer et al., 2001)。富营养化湖泊生态系统稳态转换是指草型清水稳态和藻型浊水稳态间的转换过程,且存在多稳态现象,其决定了富营养化湖泊修复的可逆性、滞后性和长期性等特点,也预示了富营养化湖泊修复任务的艰巨性。正确判别和理解稳态转换过程中生态系统所处的阶段性特征对制定治理与修复对策具有重要意义[①]。

2.1.1　科学基础

稳态转化理论已经被广泛应用于各种水生和陆生生态系统,如湖泊、海洋和草地生态系统的治理及修复等,用于描述系统状态发生本质、渐进和持续的转变过程(Scheffer et al., 2001)。由于生态系统的复杂性、非线性及多阈值效应等特征,湖泊生态系统对环境因素的响应具有不同的形式,表现为生态系统稳态转换过程可能是连续的渐变,也可能是不连续的突变或者其他变化形式(Scheffer et al., 2001)。抽象的数据模型可以描述生态系统稳态转换类型,其中最具代表性和影响力的是 Scheffer 等(2001)提出的模型;该模型总结了生态系统对环境变化的三种不同响应形式类型(图 2.1),即平滑型、突变型和不连续型。

---

① 王英才. 2010. 湖泊生态系统稳态转换过程及阶段划分研究. 武汉:中国科学院水生生物研究所

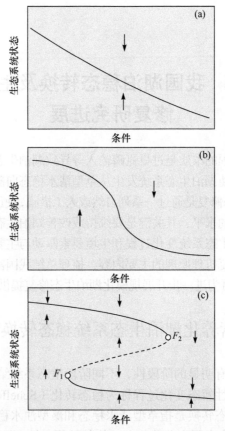

图 2.1　稳态转换的三种类型（Scheffer et al.，2001）
（a）平滑型稳态转换；（b）突变型稳态转换；（c）不连续型稳态转换

　　Scheffer 等（2001）详细阐述了三种稳态转换类型的特点，平滑型稳态转换是指系统对外界环境变化或胁迫具有类似线性响应的特征，其变化是平滑的，无突变和不连续点；突变型稳态转换是系统响应变量在外界驱动因子作用下呈非线性变化，表现为生态系统在较短时间内发生质的变化，往往发生在驱动因子的缓慢变化积聚（量变），最终导致系统变量响应放大；突变型稳态转换往往表现为双峰型分布，如人为富营养化由于营养盐的升高积累最终导致水体透明度的突然降低、水生植物快速消亡及藻类生物量的急剧升高（Scheffer et al.，1993）。不连续型稳态转换通常表现为一定范围内驱动因子在变化时系统保持其稳定性，而当驱动因子超出某一关键临界值时[如图 2.1（c）中 F_2 点]，系统从一种状态迅速跃迁到另一种状态，进而可导致灾变；只有当驱动因子降到另一个更低的临界点[如图 2.1（c）中 F_1 点]时系统才可回复到原来状态，生态系统稳态相互转换阈值不同的现象被称为迟滞性，正确判断不同类型生态系统稳态转换对于制定管理策略十分重要。

在不连续型稳态转换中，相同外界环境条件下会出现两种或多种结构与功能完全不同的稳定状态，这种现象称为多稳态（Scheffer et al.，1993）。在多稳态的概念中，外界环境条件可能是一种主导条件或者多种环境条件，例如对于浅水湖泊，外界环境条件主要是指营养盐条件；结构不同是指系统的结构发生较大变化，例如浅水湖泊存在两种组成结构显著不同的稳定状态，一种是以沉水植物为主的清水稳态，另一种是以浮游植物为主的浊水稳态（Bayley and Prather，2003）；功能不同是指随着结构的改变，生态系统相应的物质流、能量流以及信息流功能发生变化，结果也会带来生态系统服务价值的变化（冯剑丰等，2009）。多稳态现象是生态系统发生稳态转换的前提条件，被发现广泛存在于陆地生态系统和海洋生态系统，如湖泊、海洋、珊瑚礁、森林和干旱区等生态系统。

Scheffer 等（2001）从湖泊的富营养化入手，研究了湖泊清水稳态与浊水稳态之间的相互转换（图 2.2）：当生态系统处于清水稳态，随着营养盐浓度增大，沉水植被覆盖度逐渐减小，营养盐浓度增大到一个临界阈值时，沉水植被急剧减少，生态系统转变为浊水稳态，该临界点称为"灾变点"；当系统处于浊水稳态，随着营养盐浓度降低，沉水植被覆盖度变化不显著，只有当营养盐浓度降低到一个临界阈值时，沉水植被才开始显著增加，该临界点称为"恢复点"。

灾变点与恢复点所对应的营养盐浓度阈值并不相同，在灾变点浓度与恢复点浓度间存在清水稳态与浊水稳态两种可转变状态，在外在干扰作用下这两种稳态会发生相互转化，其阈值非常重要（年跃刚等，2006）。

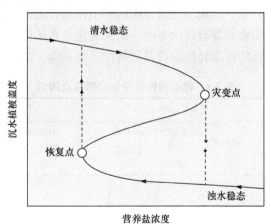

图 2.2　湖泊清水稳态和浊水稳态转换过程示意图（Scheffer et al.，2001）

对湖泊生态系统而言，研究其稳态转化过程及驱动因子将有助于理解生态系统所处状态及其关键影响要素，为开展生态修复提供理论支撑。湖泊稳态转换是一个连续、渐变的复杂过程，各阶段间存在的模糊性会导致阶段划分及阶段之间的阈值确定比较困难，尤其是存在多元因子相互作用的情况（汪贞等，2011）。

　　过去对稳态转化变化过程的研究主要是针对不同稳态，而对不同稳态之间的过渡状态缺乏更深入的研究。同时，对稳态转换过程中的变化及其机制研究不足，对不同状态的定义缺乏相应的量化指标。

2.1.2　研究进展

　　我国"973"计划项目开展了关于富营养化湖泊稳态转换研究，提出了稳态转换过程阶段性的划分指标和方法。水专项在已有基础上开展了更进一步研究，对富营养化湖泊稳态转换阶段特征有了更深入的认识。"973"计划项目"湖泊富营养化过程与蓝藻水华暴发机理"通过野外调查、围隔试验和实验室研究，提出了以总氮、总磷、透明度、沉水植物（生物量和盖度）、叶绿素和浮游植物细胞密度6项主要控制指标及浮游植物和底栖动物优势种群共2项辅助控制指标划分浅水湖泊不同稳态阶段的指标体系，各阶段生态系统划分评价标准见表2.1。湖泊稳态转换阶段主要分为草型清水稳态、草藻共存、藻草共存、藻型浊水稳态和黑臭五个阶段，并根据湖泊所处不同稳态转换阶段提出相应的治理措施。例如，草型清水稳态主要以保护生态系统为主，草藻共存、藻草共存和藻型浊水稳态主要实施控源截污和生态修复相结合的措施，黑臭阶段则主要以控源截污为主。

　　稳态转换阶段理论等成果对洱海和滇池等流域的生态修复发挥了重要指导作用。水专项课题在洱海开展了稳态转换阶段研究，基于评价方法的研究使结果进一步定量化。选取总磷、总氮、透明度及浮游植物细胞密度共4个指标，作为洱海稳态阶段评价的标准，选取参考值范围的中值作为代表值，使各阶段的控制指标更加明确，并采用模糊综合评价方法，研究确定了各阶段隶属度，并定量评价了湖泊生态系统所处的稳态转换阶段及其特征（汪贞等，2011）。

表 2.1　稳态转换阶段划分指标及阈值

阶段	主要控制指标							辅助控制指标	
	总磷/（mg/L）	总氮/（mg/L）	透明度/m	沉水植物生物量/（g/m²）	沉水植物盖度/%	叶绿素/（μg/L）	浮游植物密度/（万个/L）	浮游藻类优势种	底栖动物优势种
清水稳态	<0.03	<0.5	>1.0	>3000	>70	<5	≤10	硅藻、甲藻、绿藻	扁蜷螺、纹沼螺、萝卜螺、异腹鳃摇蚊、多足摇蚊、苏氏尾鳃蚓、管水蚓
草藻共存	0.03~0.10	0.5~2.5	0.5~2.5	500~5000	30~70	2~10	10~100	硅藻、蓝藻、绿藻	环棱螺、纹沼螺、长足摇蚊、苏氏尾鳃蚓、管水蚓

续表

阶段	主要控制指标							辅助控制指标	
	总磷 /（mg/L）	总氮 /（mg/L）	透明度 /m	沉水植物生物量 /（g/m²）	沉水植物盖度 /%	叶绿素 /（μg/L）	浮游植物密度/（万个/L）	浮游藻类优势种	底栖动物优势种
藻草共存	0.03～0.10	0.5～2.5	0.5～2.5	0～500	<40	5～20	100～1000	硅藻、蓝藻、绿藻	环棱螺、纹沼螺、长足摇蚊、苏氏尾鳃蚓、管水蚓
浊水稳态	>0.10	>5.0	<0.5	0	<10	>20	>10000	绿藻、硅藻、蓝藻	环棱螺、长足摇蚊、摇蚊、雕翅摇蚊、红裸须摇蚊、水丝蚓、苏氏尾鳃蚓、颤蚓
黑臭阶段	P/R<1，异养细菌为主							极少量蓝藻	

数据来源：湖泊富营养化过程与蓝藻水华暴发机理研究报告

2.1.3　应用实践

水专项课题基于稳态转化阶段理论研究确定了典型高原湖泊洱海所处的稳态阶段及其转换趋向，分析了洱海所处的稳态转换阶段。根据模糊评价方法的隶属值结果和最大隶属原则分析，1985～2010 年洱海水生态系统经历了 3 个阶段，2001 年前洱海生态系统一直处于清水稳态阶段，2002 年发生跃迁，2003 年进入藻草共存阶段，随后 2004 年又演化为草藻共存阶段，2009～2010 年洱海水生态系统在草藻共存与藻草共存阶段交替（汪贞等，2011）。洱海叶绿素和藻密度数据也表明洱海水生态系统已发生转变，叶绿素含量从 2002 年之前的<4 μg/L 跃迁到 2003 年以后的>10 μg/L，藻细胞密度也从 2002 年之前的<10^7 个/L 跃迁到 2003 年以后的>10^7 个/L。洱海各阶段隶属度分析结果表明，洱海生态系统仍有转化为藻型浊水稳态的可能性，研究为洱海的保护和治理提供了重要警示作用。

研究表明洱海稳态转换阶段特征存在着显著季节差异性（表 2.2），6 个湖湾冬春季除向阳湾冬季为草藻共存阶段外，其他湖湾都为清水稳态。夏秋季除沙坪湾出现了藻型浊水稳态外，其他均为草藻共存或藻草共存态。进一步研究发现，向阳湾的特例是由透明度偏低，叶绿素 a 偏高造成的，而沙坪湾特例是由风力带来的敞水区水华涌入沙坪湾引起叶绿素 a 偏高造成。确定了湖湾稳态阶段后，提出根据湖湾所处稳态阶段的治理方案，如沙坪湾夏季在湾口设置拦截围栏的对策等，以防水华涌入而造成生态系统破坏。

表 2.2　洱海不同湖湾稳态阶段

稳态阶段	2009 年 7 月	2009 年 10 月	2010 年 1 月	2010 年 4 月
长育湾	草藻共存	藻草共存	清水稳态	清水稳态
海潮湾	藻草共存	藻草共存	清水稳态	清水稳态
红山湾	藻草共存	藻草共存	清水稳态	清水稳态
沙村湾	藻草共存	藻草共存	清水稳态	清水稳态
沙坪湾	草藻共存	浊水稳态	清水稳态	清水稳态
向阳湾	藻草共存	藻草共存	草藻共存	清水稳态

数据来源：典型湖湾水体水污染防治与综合修复技术及工程示范（2008ZX07105-006）

2.2　湖泊生态系统稳态转换的生境要素驱动机制

　　湖泊富营养化也是促使草型清水稳态向藻型浊水稳态转换的过程，富营养化湖泊生态修复是促使藻型浊水稳态向草型清水稳态转换的过程。因此，稳态转换理论从湖泊稳态转换生境驱动要素及其驱动机制入手，研究促使受损湖泊由浊水藻型生态系统向清水草型生态系统演替的关键生境驱动要素及其机制，明确草型清水稳态构建维持的关键环境参数，对富营养化湖泊生态修复具有重要的理论指导意义。尤其是随着我国湖泊外源污染逐步得到控制和水质得到一定程度改善，湖泊营养盐水平控制在稳态转换发生的营养盐阈值范围内，研究促使湖泊从藻型浊水稳态向草型清水稳态转换的关键生境驱动要素及其驱动机制是湖泊生态修复工作的突破点，对开展湖泊生态修复技术研发和工程应用具有重要指导作用。

2.2.1　科学基础

　　多稳态理论是生态学的重要基础理论之一，与生态系统的演变与生态恢复密切相关。因此，受到各国科学家的广泛关注。多稳态是指在相同条件下，系统可存在结构和功能截然不同的稳定状态（Scheffer and Carpenter，2003）。生态学的稳定状态指的是在一定的时间和空间尺度上，生态系统保持原有的结构和功能不变。19 世纪 60～70 年代生态学家在研究生态系统稳定性时提出了生态系统在相同参数条件下存在不同稳态解 "multiple stable states"（Lewontin，1969；May，1977；Holling，1973）。Scheffer（1990）也采用 "multiple stable states" 来表示湖泊生态系统的清澈状态与浑浊状态。

　　"杯中弹子模型" 被研究人员用来描述生态系统的多稳态现象（Scheffer et al.，2001）。图 2.3 中小球代表生态系统所处状态，当小球处于杯子底部时表明生态系统处于稳定状态，当小球处于杯子斜面时表明生态系统处于不稳定状态。外界条件的变化会改变杯子形状即生态系统的稳定状态。当小球处于某一临界点时，外界很小的扰动即能引起生态系统状态的变化。当条件变化导致杯子中的谷峰消失时，小球会发生跃迁进入另一稳定状态。

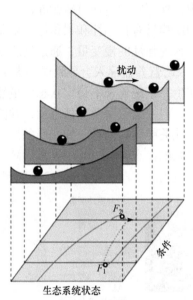

图 2.3　稳态现象的"杯中小球"模型（Scheffer et al.，2001）

Beisner 等（2003）总结认为系统稳态转换有两种途径，一种是当系统参数条件固定时，外界随机干扰，小球发生稳态转换[图 2.4（a）]；另一种情况是当系统参数条件发生变化，小球发生稳态转换[图 2.4（b）]。湖泊生态系统的参数条件通常指营养盐浓度，也称为慢变量。随机干扰因素包括两大类，一类为内在禀性因素，主要表现为生物内在的随机因素，如出生率、死亡率和摄食率等；另一类为外在随机因素，如光照、水温、水位、水流、台风、海啸等气象因素和水文因素。

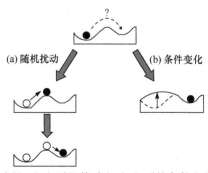

图 2.4　稳态转换的两种途径：（a）随机扰动和（b）系统条件变化（Beisner et al.，2003）

　　稳态转换是湖泊生态系统各要素综合驱动作用的结果，驱动因子包括化学要素、物理要素和生物要素，也可分为外部驱动和内部驱动两种类型（赵磊等，2014）（图2.5）。在满足稳态转换的营养盐区间内，其他驱动因素，如光照条件改变、底泥扰动等外部环境驱动要素和内部生物驱动要素会随机干扰引起湖泊清水/浊水稳态间的相互转化。其中，外部驱动包括氮磷营养盐、气候变化、风浪、湖泊水位等因子。氮磷营养盐的影响具有长期性和累积性，是驱动系统稳态变化最重要的原因，是决定湖泊生态系统弹性的慢变量，通过逐步削弱湖泊生态系统恢复力进而引发稳态转换。过量氮磷营养盐输入会导致藻类大量生长，湖泊透明度降低，水生植物覆盖度降低，使生态系统处于不稳定状态。虽然氮磷负荷增加或减少能够使得湖泊发生稳态转换，但一定氮磷营养盐范围，湖泊存在多稳态，湖泊生态系统稳态存在随机性。其他关键驱动因素，如光照条件、底泥、风浪、水位和鱼类等变化将引起湖泊生态系统稳态转化，其中风浪、湖泊水位等为突发性因子，往往表现为稳态转换的直接诱因（Havens et al，2001；秦伯强，2007）。

图2.5　清水稳态和浊水稳态的驱动要素

　　内部驱动包括鱼类和水生植物等，鱼类主要通过对水生植物、湖泊底质、浮游动物等生态组分引发湖泊生态系统稳态转换。对于淡水生态系统而言，鱼类和大型浮游动物是影响藻型—草型稳态转换的主要生物因素。鱼类包括草食性鱼类、浮游生物食性鱼类、底栖性鱼类和食鱼性鱼类，通过对水生植物、湖泊底质、浮游动物的复杂正反馈作用，在湖泊稳态转换过程中发挥关键作用（Carpenter and Lodge，1986；刘永等，2006；赵磊等，2014）。水生植物对湖泊清水稳态可能既存在正反馈作用，同时也存在一定条件下的负反馈作用。大型水生植物能够通过多种机制维系湖泊清水状态，包括为浮游动物提供庇护，增加沉积物的稳定性从而减少沉积物再悬浮与浮游植物竞争营养及释放克藻物质等（Scheffer et al.，1993；Van Nes et al，2002）。同时，水生植物也可能在一定条件下，如湖泊应处于不稳定的状态时，会通过对湖泊沉积物与营养物质等的滞留作用导致生态系统稳态转换，可以通过水生植物与沉积物磷释放模型对由于水生植物对湖体营养状态负反馈作用而导致的稳态转换机制进行模拟（Scheffer and Van Nes，2007）。

　　因此，当氮磷营养盐浓度达到湖泊处于多稳态状态的范围时，研究促使藻型生态系统向草型生态系统转化的其他关键生境驱动要素是恢复清水态生态系统的新思路，特别是对我国高营养负荷的生态修复具有重要意义。

2.2.2 研究创新

已有研究在湖泊生态系统稳态转换生境要素驱动机制方面取得了如下重要进展：一方面，在湖泊内负荷形成机制方面取得了新的认识，从内负荷角度认识了内源污染对湖泊富营养化的影响，对内源污染治理修复提供了理论指导；另一方面，从沉水植物恢复和草型清水态构建维持的关键环境驱动要素的视角，转变了单纯强调通过降低营养盐负荷来实现湖泊生态系统浊清稳态转换的思路，提出了恢复清水态生态系统的新思路，突破了沉水植物恢复和草型清水态构建维持的关键环境参数。通过实施生境改善和生态重建等人工强化干预措施，驱动富营养化湖泊由"浊水藻型"向"清水草型"生态系统转变。

1. 对湖泊生态系统环境胁迫的识别与内负荷

云贵高原湖区独特的地理、气候和水文过程，丰富的降雨及陡峭的地形等导致该区域湖泊营养盐汇流速率快，累积特征明显；充足的光照和适宜的温度等，使该区域湖泊营养盐转化速率较快，进而富营养化机制较为独特。外源入湖氮磷负荷持续增加是导致湖泊水生态系统退化，诱发富营养化和有害藻类水华的主因。随外源污染逐步得到控制，沉积物、藻类等作为湖泊生态系统的重要营养库，其氮磷等营养物释放成为湖泊富营养化的重要营养源，即内源性营养盐释放对湖泊水体营养盐浓度及迁移转化有重要影响；也就是说，该类富营养化湖泊即使外源污染物被有效削减，其内源营养盐释放依然能够使湖泊氮磷较长时间处于富营养化水平。因此，识别湖泊生态系统的环境胁迫因子，特别是研究内源氮磷释放已成为控制湖泊富营养化、构建草型清水态的热点问题。

水专项课题"湖泊水生态、内负荷变化研究与防退化技术及工程示范"（2008ZX07105-005）等研究创新了湖泊内负荷理论与方法，系统诠释了滇池、洱海全湖内源污染与内负荷特征，定量了洱海内负荷对水污染的贡献，其中滇池藻源氮负荷贡献为 8%，泥源氮负荷贡献为 23%；藻源磷负荷贡献为 18%，泥源磷负荷贡献为 5%。创新了对湖泊内源污染的认识，对沉积物的认识从释放通量转变为泥源负荷，对藻类的认识从生产者转变为藻源负荷的来源；若洱海藻密度保持在 2×10^7 cells/L 左右，其藻源性 COD 负荷贡献率为 34.2%，TN 负荷的贡献率为 28.2%，TP 负荷贡献率为 23.2%。因此，藻类本身贡献的 COD、TN 和 TP 负荷即可成为洱海藻类水华暴发的内在营养源。

2. 明确了高营养负荷湖泊沉水植物恢复和草型清水态构建维持关键参数

水专项课题"湖泊生态系统退化调查与修复途径关键技术研究及工程示范"

（2008ZX07102-005）和"滇池草海水生态规模化修复关键技术与工程示范"（2013ZX07102-005）通过创建适宜生境、构建沉水植物先锋种群和生态系统的维护等技术，提出了较高营养负荷条件下恢复清水态生态系统新思路；以恢复沉水植物生产力为主线，明确了沉水植物恢复和草型清水态构建维持的关键环境参数，集成了"湖滨带稳定与植被扩增、水生植被处理低污染水、草型清水态构建与维持"等关键技术，形成了生境改善—水草恢复—浊清转换—技术体系，开创了高原高营养负荷浅水富营养化湖泊规模化生态修复新模式。

研究明确了滇池草海沉水植物恢复和草型清水态构建维持的关键环境参数，奠定了草海开展规模化生态修复的科学基础。草海恢复沉水植物的主要限制因子是水体透明度，控制水体叶绿素 a 浓度低于 50 μg/L，透明度达到 55 cm 以上，可以实现草海沉水植被的快速扩增。沉水植被扩增的适宜种群规模为 10%～20%（占可恢复面积比例）。植被盖度达 40%以上时，可以构建草型清水态；植被盖度为40%～70%时，可以维持草型清水态，盖度大于 70%时进行生物量控制。草型清水态条件为：植被盖度 40%～70%，水体透明度≥90 cm，叶绿素 a 小于 50 μg/L，水质为Ⅳ～Ⅴ类；浊水态条件为：植被盖度小于 20%，水体透明度小于 50 cm，叶绿素 a 大于 100 μg/L，水质为劣Ⅴ类；中间态不稳定，通过提高透明度和适度生态水位调控，可以驱动湖泊浊水态向清水态的转变。

3. 确定了太湖恢复水生植物所需的生境条件阈值

突破以水环境质量改善为基础的沉水植被恢复关键技术是湖泊生态修复的关键所在。水专项课题"太湖湖体氮磷污染与蓝藻水华控制技术与工程示范"（2009ZX07101-013）提出了太湖生态恢复所需的生境条件，包括营养盐浓度（影响水体透明度和附着生物等）、光照条件（水深、悬浮物、透明度等影响因素）、鱼类组成（影响底泥悬浮及透明度，影响浮游动物并进一步影响藻类生物量和透明度）、底泥有机物含量（是否厌氧）、风浪大小（影响底泥悬浮和透明度，影响植物的机械损伤）等。

研究确定了太湖恢复水生植物所需生境条件的阈值为：水深不宜超过 2 m，总氮浓度不宜超过 2 mg/L，总磷浓度不宜超过 0.1 mg/L，风浪吹程不宜太大；鱼类组成中，不能有草鱼，对于底栖鱼类和专吃浮游动物的鱼类，如青鱼、鲤鱼、鲫鱼和鳙鱼，在恢复初期也要控制。该技术的创新在于确定了水生植物恢复的关键条件是真光层深度（D_{eu}）与水深（D_w）的比值 $D_{eu}/D_w \geqslant 1$。

4. 建立了洱海水生植被分布与水位调控间的定量关系

水专项课题"洱海湖泊生境改善关键技术与工程示范课题（2012ZX07105-004）"系统研究了洱海水生植被分布与水位调控的定量关系，提出洱海生态水位优化调控，精准指导洱海水位运行，促进了洱海水生植被恢复。生态水位优化调控技术通过对水资源的精准定量和优化调控，成为促进洱海全湖水生态恢复的重要途径，并为其人工辅助强化恢复措施创造了条件。

对湖泊水生植被开展逐月详细调查，获得水生植物种类组成和优势度，植物分布水深范围和适宜水深，以及植物的生活史特征和复苏生长期信息。依据水下光照消减系数和植物分布水深，计算植物生长对光照的需求，结合水下地形，分析不同水位条件下湖泊可供优势植物生长的潜在分布区，获取水生植物最大分布面积对应水位参数。水生植被复苏生长期开展水位调控，并紧密监测湖泊水生植被的响应，逐步建立并验证水位运行与水生植被分布经验关系。

基于洱海过去三十多年的监测数据分析，水专项研究明确了 1963.9～1964.9 m 的水位区间是洱海水生态系统响应的敏感区间，4～6 月是洱海沉水植物与藻类快速复苏生长的关键时期；多年监测数据表明，此期间水体透明度从 2.3 m 下降到 1.4 m，透明度降低使水体光照减弱，导致沉水植物的适宜生长水深从 6.2 m 降低到 4.2 m；通过适度降低洱海运行水位，可使原 4.2 m 水深以下生长的沉水植物获得更多光照，促进植被恢复。因此，在植被复苏生长期（4～6 月），适度调低水位促进沉水植物生长及向深水区的扩张。

为了促进洱海沉水植物恢复，改善湖泊水生态环境，强化沉水植被对湖湾藻类的抑制作用，改善湖湾水质，建议洱海水位运行分为三阶段：

第一阶段（1～6 月）：水位逐月降低，适度低水位运行，促进沉水植物复苏生长和种子萌发及植物扎根，使植被向水深区扩张；4～6 月适度低水位运行有利于对裸露滩地的清洁和近岸区域的生态恢复工程作业。

第二阶段（7～10 月）：在主汛期快速水位提高，有利于对水体藻类和营养物质的稀释作用。从 2017 年这一阶段水生植被的最大分布深度和株高判断，水位大幅波动未对植被造成较大影响。

第三阶段（10～12 月）：汛后水位平稳运行，储备水资源为来年水位调控做准备，这一阶段水生植物和藻类开始死亡。调度过程中采取"双控"措施，即控制水位和控制出流，并根据洱海水质情况作适时调整洱海出流流量。

5. 提出了巢湖水向湖滨带自然修复的环境条件阈值

针对巢湖水生植被严重退化问题，水专项课题"湖泊直立堤岸基底改善与湖滨带生态修复技术及工程示范"（2008ZX07103-004）从研究湖滨带植物自然修复所需环境条件入手，提出了水文、光照、营养、基质等影响水生植物恢复的条件阈值；研发了沉水植物和挺水植物自组织修复技术，综合环境改善、种苗引入、群落优化等工程措施；通过生态系统优化管理，使水生植被长期稳定维持。

　　研究表明，浅水湖泊湖滨带区域，光照和基质是影响沉水植物生长的最重要因素，而对于湖滨带挺水植物而言，水位与基质则是生长的限制因素。水专项提出了以底栖动物（颤蚓类）指示基底状况确定水生植物的基质需求，以透明度与水深之比指示沉水植物恢复的光照条件，以淹没时间及分布高程指示挺水植物的水位需求。巢湖沉水植被正常发育条件是湖水总磷<80 μg/L（图 2.6），底泥颤蚓密度≤130 ind/m²（图 2.7），3～6 月的透明度与水深之比分别>0.66，0.47，0.55，0.45。挺水植物最适高程 8.5～9.5 m，沉水植物最适高程 8.0～8.5 m；菖蒲生长的最适水深约 40 cm，临界水深为 142 cm；芦苇幼苗生长期水深不能超过幼苗高度，若长期淹水超过 80 cm，则对芦苇的生长不利，并有可能致死。

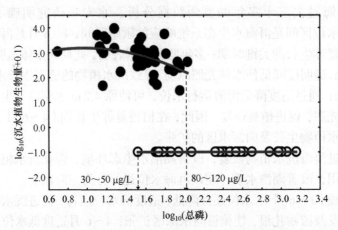

图 2.6　湖水总磷与沉水植物生物量之间的关系

数据来源：湖泊直立堤岸基底改善与湖滨带生态修复技术及工程示范（2008ZX07103-004）

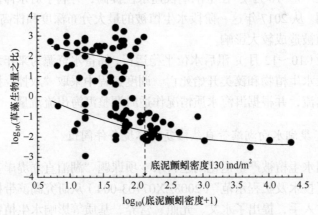

图 2.7　颤蚓类密度与草藻生物量之比的关系

数据来源：湖泊直立堤岸基底改善与湖滨带生态修复技术及工程示范（2008ZX07103-004）

　　基于湖泊水生植被恢复的环境条件阈值，依据不同区域湖滨带情况，提出了湖泊管理应根据湖泊实际情况区别对待，分区治理。对于总磷浓度较低（30～50 μg/L）的水域，可通过调控水位改善水下光照以达到恢复水生植物的目的；水位调控可依据长江浅水湖群沉水植物生物量关键期模型进行。根据水体深度利用模型估算沉水植物关键期（3～6 月）的透明度阈值，反推水位需求进而实施水位调控。对于总磷浓度处于中等水平的水域，有必要先采取措施控制点源和面源污染以降低营养物水平，然后实施水位调控工程。对于总磷水平明显高于 120 μg/L 的水域，应重点实施清淤等环境工程，同时控制点源和面源污染，待磷降低后方采取水位调节等措施。水向湖滨自组织修复技术应用于位于巢湖船厂至碧桂园、小柘皋河至中埠联圩的巢湖东部水源区湖滨带生态修复与低污染拦截示范工程，修复 36 万 m² 的水向湖滨带，修复区植被覆盖率达 65%，生物多样性提高 1 倍。

2.2.3　应用实践

1. 滇池

十一五期间，水专项课题"湖泊生态系统退化调查与修复途径关键技术研究及工程示范"（2008ZX07102-005）在滇池草海重污染区域西岸（0.5 km²）进行"高原严重受损湖区草型清水态转换技术"系统设计及工程示范。示范区监测结果表明，沉水植被盖度达 40% 以上，最高达到 80%，在沉水植被生长期，水清澈见底，水质改善效果明显。示范区的 TN 下降 60%、TP 下降 54%。

示范工程证明经典的长江下游浅水湖泊稳态转换的营养阈值范围不适用于高原湖泊，选择滇池外草海原位湖区内进行工程示范为在物理条件与水质条件近似的外草海进行大面积推广应用奠定了坚实基础。

十二五期间，水专项形成的"生境改善—水草恢复—浊清转换"的成套技术在滇池大泊口 0.57 km² 及外草海 6 km² 规模化生态修复示范工程中得到应用["滇池草海水生态规模化修复关键技术与工程示范"（2013ZX07102-005）]。示范区水质和自然生态景观得到明显改善，水生植被盖度 40% 以上，总氮、总磷下降 30% 以上，为滇池的大规模生态修复提供了决策支撑与技术支撑。

2. 太湖

水专项课题"太湖湖体氮磷污染与蓝藻水华控制技术与工程示范"（2009ZX07101-013）研究成果支撑了富营养化浅水湖泊的水质改善与生态修复工程。所构建的沉水植被恢复成套技术在无锡市五里湖约 5 万 m² 的范围进行了应用，通过絮凝等技术，提高了水体透明度；通过降低水位，使得真光层深度大于水深，有效改善了水下光照，再辅以去除鱼类和其他恢复措施，成功恢复了该水域内的沉水植物。沉水植物覆盖度达到 90% 以上，透明度可以达到湖底。

3. 洱海

"十二五"期间，水专项课题"洱海湖泊生境改善关键技术与工程示范课题"（2012ZX07105-004）提出洱海生境修复综合方案，通过实施包括生态水位优化调控、沉水植物群落优化和水生植物种苗规模化繁育等技术和工程示范，使红山湾示范区水生植被面积从 2.95 km² 增加到 4.19 km²；2017～2020 年期间大理市政府在洱海全湖范围内实施生态水位优化调控，水生植物繁殖体和种苗补充，水生植物种苗规模化生产和近岸水生植物群落优化等相关工程。

4. 巢湖

水专项课题"湖泊直立堤岸基底改善与湖滨带生态修复技术及工程示范"（2008ZX07103-004）提出巢湖环湖岸线生态修复方案和水向湖滨带生态修复方案，基于水位调控条件下的水生植被恢复方案，提出将 3～5 月水位下调至 7.5～8.0 m，以恢复全湖植被盖度达 3%～5%；提出的基于底质改善条件下的水生植被恢复方案，将水向湖滨带划分为 4 个区域，针对不同区域环境条件提出相应修复模式，为富营养化湖泊大规模恢复水生植物提供了有效的解决方案。长江中游湖泊具有许多共性特征，研究成果亦可进一步推广到区域其他湖泊，可为长江中游湖泊水质改善和湖滨带生态修复提供借鉴和科学依据。

2.3　富营养化湖泊蓝藻水华发生机制

蓝藻水华是指河湖水体中蓝藻大量增殖形成肉眼可见的蓝藻聚集体，并在水面呈绿色或其他颜色藻类漂浮物或导致水体颜色发生变化的现象（吴庆龙等，2008）。湖泊蓝藻水华是湖泊富营养化引起的主要生态灾害之一，蓝藻水华发生会对湖泊生态系统健康、饮用水安全、公众健康和景观环境等造成极大威胁。蓝藻水华发生机理是阐明蓝藻水华发生规律的生态学理论，是开展蓝藻水华防治的理论基础（马健荣等，2013）。阐明富营养化湖泊蓝藻水华发生机理不仅要关注影响蓝藻水华形成的单一关键因子，如营养盐、水文和气象条件等环境因子及蓝藻的生理生态特性，同时也要重视对蓝藻水华形成的全过程研究（孔繁翔和高光，2005），可为蓝藻防控提供重要的理论指导和科学依据。

2.3.1　科学基础

国内外学者对蓝藻水华发生机理的研究主要从两方面开展：一方面是关注了蓝藻水华发生的关键影响因子，包括环境因子（外因）和水华蓝藻的生理生态特性（内因）（马健荣等，2013）（图 2.8）；另一方面是关注了蓝藻水华发生的全过程（孔繁翔和高光，2005）。针对影响蓝藻水华形成的关键环境因子研究，主要侧重于营养盐、氮磷比、温度、微量元素、浮游动物、水文和气象条件等方面。关于水华蓝藻生理生态特性方面，则主要包括伪空泡、胶质鞘、CO_2 浓缩机制、适应低光强、贮藏营养物质、防晒、产毒素和固氮等。

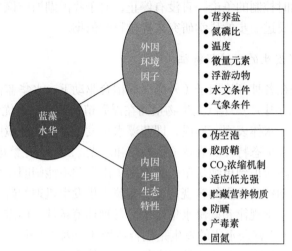

图 2.8　蓝藻水华发生的影响因子

1. 蓝藻生长的氮磷限制

蓝藻水华与环境因子间关系复杂，在特定条件下并不是所有因子都具有相同的重要性，限制蓝藻生存和繁殖的关键性因子就成为蓝藻生长的限制因子。其中，营养盐限制直接影响藻类的初级生产力变化。因此，明确湖泊的营养盐限制是开展富营养化防控的理论基础和科学依据，是国内外研究湖泊蓝藻水华发生和防治的重要内容。根据利比希最小作用因子定律，植物的生长取决于那些处于最少量状态的营养元素，这种营养元素就是限制因子。根据藻类的分子式，氮和磷是藻类生长的营养限制因子，由水体氮磷浓度比值决定具体是氮限制还是磷限制。研究人员对于富营养化湖泊应该只控制磷还是氮磷同时控制一直存在争议。

20 世纪 70 年代根据加拿大实验湖区长期的大规模实验结果，Schindler（1974）提出磷是主要的限制因子，认为当水中富磷而缺氮时，具有固氮功能的蓝藻会通过固氮作用弥补浮游植物生长过程中缺少的氮。根据这一研究结果，"削减磷负荷"被作为北美和欧洲进行富营养化湖泊、河口和沿海生态系统治理与环境管理的主要策略。然而，这一观点后来受到很多质疑。Ferber 等（2004）研究发现，即使在固氮蓝藻占优势的情况下，通过固氮作用输入的氮仍不足浮游植物氮需求的 9%。Scott 和 McCarthy（2010）对 Schindler 研究中的加拿大 227 号湖实验数据重新处理后发现，由蓝藻固定的氮并不能够弥补外源氮的减少，而且浮游植物生物量会随可利用氮的降低而降低。越来越多的研究表明氮限制和氮与磷的共同限制普遍存在，例如 Maberly 等（2002）报道欧洲 30 个湖泊中 63% 被氮与磷共同限制，而只有 24% 的湖泊被磷单独限制。因此，关于淡水湖泊富营养化是只控制磷还是氮磷同时控制的争论一直没有停止，对于我国湖泊应该采取怎样的营养盐控制策略尚需要进一步的科学研究来提供科学依据。

2. 蓝藻水华发生的全过程特征

蓝藻水华是在各种环境因子（外因）的耦合驱动下，水华蓝藻由于其独特的生理生态特性（内因），产生巨大生物量而在浮游植物群落中占优势，合适的水文气象条件下集聚于水体表面而形成，即蓝藻水华发生是不同环境因子协同影响水华蓝藻的不同生理生态特性的表达（孔繁翔和高光，2005；孔繁翔等，2009）。因此，研究人员逐渐认识到单纯从单个关键因子出发并不能阐明蓝藻水华的发生机理，不能清楚地阐释其发生的客观规律，蓝藻水华发生机理的研究应同时关注水华蓝藻的生理生态学规律和蓝藻水华发生的各种环境条件，即需要梳理蓝藻水华发生的全过程。由于蓝藻水华的发生是耦合各种环境因子（外因）、水华蓝藻独特的生理生态特性（内因）及合适的水文气象条件等形成。因此，从蓝藻水华发生的全过程入手，同时关注水华蓝藻的生理生态学规律和蓝藻水华发生的各种环境条件，明确界定蓝藻处于水华形成的各阶段特征与时空分布规律，有助于针对不同阶段实施针对性措施，系统开展蓝藻水华发生的全过程防治。

2.3.2 研究创新

1. 揭示了富营养化浅水湖泊氮磷限制特点

富营养化湖泊氮磷控制策略取决于氮磷对藻类生长的限制作用，但不同湖泊氮磷对藻类生长的限制作用又有不同。我国学者提出，与传统湖沼学中的深水湖泊相比较，浅水湖泊营养盐的生物地球化学特征有很大不同，从而决定了浅水湖泊藻类生长受到的营养盐限制不同，湖泊营养盐控制策略不同（秦伯强，2020）（图 2.9）。位于温带或寒温带地区的深水湖泊夏季环境相对静止，具有明显的温跃层，颗粒态营养盐沉降至湖底后难以再回到上层混合层，脱磷效率较高；相反浅水湖泊风浪湍流混合使水柱理化性质垂向较一致，沉积至湖底的有机物和营养盐在风浪扰动情况下可通过再悬浮进入上覆水，形成跨水土界面的营养盐循环，并且浅水湖泊风浪导致了兼氧条件，伴随富营养化带来的丰富硝态氮和有机物使得浅水湖泊反硝化程度高。因此，脱氮效率较高（Liu et al.，2018）。与深水湖泊不同的营养盐生物地球化学过程特征决定了浅水湖泊不同的氮磷存在特征和不同的藻类生长营养盐限制。太湖梅梁湾水体多年平均氮磷质量比可从春季的 40～50 下降到夏秋季的 10～20，出现氮、磷双限现象（秦伯强，2020）。

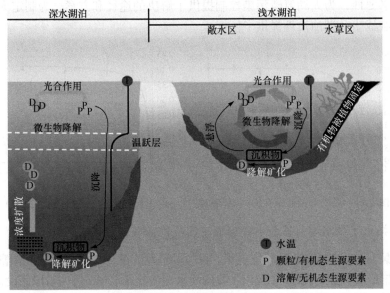

图 2.9　浅水湖泊与深水湖泊不同的营养盐循环模式（秦伯强，2020）

2. 确定了太湖蓝藻水华的营养限制因子及其阈值

水专项课题"太湖湖体氮磷污染与蓝藻水华控制技术与工程示范"（2009ZX07101-013）研究确定了太湖浮游植物生长的主要限制因子及氮磷营养盐阈值。2 年的太湖原位培养实验发现，太湖浮游藻类生长受氮磷浓度的影响具有季节性特征（图 2.10），春、冬季，太湖水体氮含量较高，对水体添加氮，对藻类生长的刺激作用不大，但添加磷仍能增加水体浮游藻类生物量，磷是藻类生长的主要限制因子；夏、秋季，尤其是秋季，太湖水体氮含量较低，向水体添加氮能够明显增加水体浮游藻类生物量，浮游植物生长同时受氮、磷限制。夏季蓝藻水

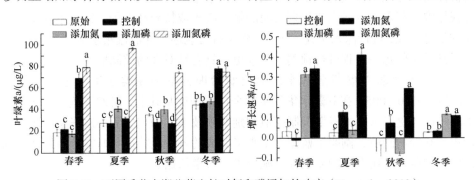

图 2.10　不同季节太湖蓝藻生长对氮和磷添加的响应（Xu et al.，2010）

华暴发期蓝藻生物量不再继续增加的无机氮磷浓度阈值分别为 0.80 mg/L 和 0.20 mg/L（图 2.11）（Xu et al.，2010）。研究成果表明了太湖外源氮、磷污染共同控制的必要性，为太湖氮磷污染控制提供了解决的途径和方案，为制定太湖富营养化控制战略及湖泊治理提供了依据。

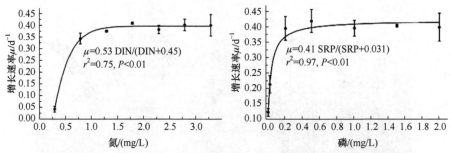

图 2.11　夏季太湖蓝藻在不同氮和磷浓度下的生长动力学（Xu et al.，2010）

3. 提出了浅水湖泊蓝藻水华形成不同阶段的关键参数和阈值

根据生态学理论和野外原位观测，我国科研人员在"973"项目"湖泊富营养化过程与蓝藻水华暴发机理"中提出了我国浅水湖泊蓝藻水华成因四阶段假设，并在水专项课题"巢湖富营养化中长期治理方案和藻类水华全过程控制"（2017ZX07603-005）研究中用于指导蓝藻水华预警与全过程防控。

蓝藻水华成因的四阶段理论假设：在四季分明、扰动剧烈的长江中下游大型浅水湖泊中，蓝藻的生长与水华的形成可以分为休眠、复苏、生物量增加（生长）、上浮及积聚 4 个阶段，每个阶段中蓝藻的生理特性及主导环境影响因子有所不同（图 2.12）（孔繁翔和高光，2005；孔繁翔等，2009）。冬季，水华蓝藻的休眠主要受低温及黑暗环境所影响，春节的复苏过程主要受湖泊沉积表面的温度和溶解氧控制，而光合作用和细胞分裂所需要的物质与能量则决定了水华蓝藻在春季和夏季的生长状况，一旦有合适的气象与水文条件，已经在水体中积累的大量水华蓝藻群体将上浮到水体表面积聚，形成可见的水华。研究蓝藻水华的形成机理必须寻找导致水华形成的各主要生理阶段的触发因子或特异性因子，针对不同阶段蓝藻的生理特性，进行深入研究。只有这样才有可能逐步弄清蓝藻水华的形成机制，并对其发生的每一进程进行预测，寻求更加具有针对性的控制措施。

水专项课题"巢湖富营养化中长期治理方案和藻类水华全过程控制"（2017ZX07603-005）在蓝藻水华发生的全过程理论基础上，研发了蓝藻水华形成不同阶段关键参数与暴发期控制阈值判别两项技术，确定了蓝藻水华不同阶段判别参数和控制阈值，阐明了蓝藻处于水华形成的各阶段特征与时空分布规律，为针对不同阶段采用有效的差别性措施提供了科学依据。

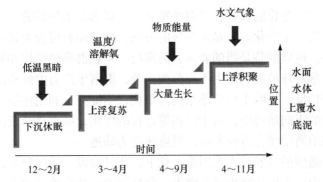

图 2.12　蓝藻水华形成的四阶段及其影响因子（孔繁翔等，2009）

2.3.3　应用实践

依托环巢湖治理五期国开行项目"派河入湖口—塘西河入湖口—十五里河入湖口西巢湖蓝藻水华应急防控工程"，水专项课题构建了水域面积不少于 0.5 km² 的物理和生物联用的蓝藻水华全过程防控技术验证平台。研发并完成湖体内源污染物和藻种捕获富集清除一体化关键技术，技术验证区表层新生沉积物和藻种存留量削减率大于 40%，形成一套湖泊底泥藻种及污染物捕获处置技术体系；优化集成湖滨生态修复和蓝藻全过程控制及污染物削减技术体系，形成巢湖富营养化和蓝藻水华控制与生态修复整装技术，技术支撑了派河口湿地示范工程建设，水生植被覆盖度达 35%，面积达 0.5 km² 湖滨带健康生态系统，生物多样性香农指数达到 2 以上，并实现自然演替；蓝藻水华暴发频次和面积削减率达 50% 以上。同时，研发和验证的关键技术支撑了巢湖富营养化治理方案编制。

2.4　湖泊沉水植被退化及修复机制

群落演替是群落组成向着一定方向、具有一定规律、随时间而变化的有序过程（李博，2000）。群落演替往往是连续变化的过程，具有方向性，规律性和可预见性。人类活动对群落演替的影响具有两面性，既可能由于生态破坏活动促使生态系统发生退化，也可能通过良好生态系统管理促使生态系统恢复。

因此，群落演替理论不仅可为研究湖泊沉水植物退化演替模式提供理论依据，更重要的是可为沉水植物恢复提供理论指导。研究沉水植物演替的阶段性规律及其营养盐阈值和演替驱动机制对于沉水植物恢复重建具有重要的指导作用。

2.4.1　科学基础

群落演替是指在一定地段上，群落由一个类型转变为另一类型的有序的演变过程，往往是连续变化的过程，具有可预见性。群落发生演替的主要标志是群落在物种组成上发生了变化。就是按演替的方向，群落演替可分为进展（正向）演替和逆向演替。进展演替是指随着演替的进行，生物群落的结构和种类成分由简单到复杂，群落对环境的利用由不充分到充分，群落生产力由低到高。逆行演替的进程则正好相反，导致生物群落结构简单化，不能充分利用环境，生产力逐渐下降。在湖泊的正向演替中，由于沉积等过程的作用，湖水逐渐变浅，大型水生植被增加，湖泊向沼泽化方向发展，最终演变为陆地。

然而，在强烈的自然或人为因素干扰下，还可能发生逆向演替，如人类活动干扰使得湖泊中沉水植物减少乃至消失，草型湖泊演替为藻型湖泊，形成了湖泊生态系统的逆向演替，从而对生物多样性产生很大的影响。

人类活动对群落演替的影响远远超过其他自然环境因子。人类活动通常是有意识、有目的地进行的，可以对自然环境中的生态关系起着促进、抑制、改造和重建的作用。人类活动往往会使群落演替按照不同于自然演替的速度和方向进行，将演替的方向和速度置于人为控制之下。人类活动对群落演替的影响具有两面性。一方面，砍伐森林、围湖造田，促使生态系统退化，发生逆向演替；另一方面，封山育林、治理沙漠，促进生态系统恢复，发生正向演替。因此，群落演替理论不仅可为研究湖泊生态系统沉水植物退化演替模式提供理论依据，更重要的是可以为沉水植物的恢复提供理论指导。研究沉水植物演替机制及其演替的营养盐阈值对于沉水植物恢复重建具有重要的指导作用。

群落演替原因可分为内因和外因，其中内因是群落生物的各种生命活动，其结果是使生境得到改造并进一步反作用于群落本身。内因包括生物繁殖、迁移，生物对环境的改变，种内和种间关系的改变等。外因是外界加给群落的各种因素，包括气候变动、地貌变化、土壤演变、火烧、洪涝、人为干扰等。以外因为动因的演替称为外因演替。外因演替虽然是由外界因素引起的，但演替过程本身是一个生物学过程，即一切源于外因的演替最终是通过内因来实现。因此，内因演替是群落演替的最基本和最普遍形式，而外因演替也非常重要。

当环境发生改变时，生物对生态因子的耐受范围并不是固定不变的，可通过自然驯化或人为驯化改变生物的耐受范围，使适宜生存范围的上下限发生移动，形成一个新的耐受范围去适应环境的变化。生物能够调整其对生态因子的耐受限度通常是通过内稳态机制来实现的。内稳态是指生物控制自身体内环境，使其保持相对恒定。内稳态机制是生物进化、发展过程中形成的一种更进步的机制，它使生物减少了对外界环境的依赖性，扩大了生物对生态因子的耐受范围，从而大大提高了生物对外界环境的适应能力。化学计量内稳性是指生物在变化的环境中保持其身体内化学元素组成相对恒定的一种能力，它是生态化学计量学存在的前提和基础，是生物在长期进化过程中适应环境变化的结果。它反映了生物对环境变化的生理和生化的适应，其强弱与物种的生态策略和适应性有关（Elser et al.，2010；邢伟等，2015）。通过调节生物对环境因子的响应，化学计量内稳性成为生态系统结构、功能和稳定性维持的重要机理，在生态系统演替研究中，化学计量内稳性机制也受到重视。通常来讲，化学计量内稳性高的植物养分利用方式较为保守，在贫瘠的环境中也能维持机体的缓慢生长，适应于稳定的环境；而内稳性低的植物的适应性却更强，在多变的环境中更有优势（Persson et al.，2010）。沉水植物对营养盐的耐受性大小取决于其营养盐化学计量内稳性的高低。浅水湖泊中由于化学元素输入失衡导致的灾变性稳态转换之所以难以预测，主要是因为缺乏对相关机制的清晰了解。多稳态理论认为，富营养化对淡水生态系统的结构、功能和稳定性有着明显的负面影响，但仍然不清楚突变点出现前富营养化是如何通过化学计量效应使生态系统去稳定化。

因此，沉水植物化学计量的调节能力对湖泊生态系统的结构、稳定性和弹性具有重要的意义。研究沉水植物化学计量内稳性高低及其突变阈值对于研究水生态系统退化演替规律和水生态系统修复中先锋种的选择具有重要的理论指导意义。

2.4.2　研究创新

1. 发现了东部浅水湖泊沉水植物群落退化演替规律及营养盐阈值

通过调查我国东部地区 10 km² 以上的分布有沉水植物的 40 多个湖泊，水专项课题"东部浅水湖泊营养物基准标准及太湖达标应用研究（2012ZX07101-002）"提出了氮磷浓度升高驱动沉水植物群落的演替规律及作用机制，建立了东部浅水湖泊沉水植物退化演替的营养物阈值。研究发现以太湖为代表的东部浅水湖泊由于营养盐向湖泊的输入，水体营养盐浓度逐渐升高，受营养盐浓度升高胁迫，沉水植物由清水型逐渐演替为耐污型。近百年东部浅水湖泊随湖泊富营养化水体总氮、总磷浓度升高，植被依据湖泊演替分为 3 个阶段，即顶级演替阶段、退化阶段和退化末期阶段，分别以微齿眼子菜（清洁型）、马来眼子菜（过渡型）和金鱼藻（耐污型）为代表（图 2.13）。演替顶级阶段湖泊水生植物分布面积大，覆盖率高，水质较好。处于退化初期湖泊清洁型植物群落迅速衰退，耐污型植物逐渐占据为优势种。处于退化末期的湖泊水生植物耐污型植物逐渐消失，水生植物覆盖率极低，透明度下降，藻类占据绝对优势地位。

基于高斯核密度分布函数，确定了相对应于东部浅水湖泊沉水植物经历的微齿眼子菜、马来眼子菜和金鱼藻三个演替阶段的营养盐特征为：当 TN<0.4 mg/L，TP<0.019 mg/L，以微齿眼子菜或篦齿眼子菜为优势种，且覆盖率大于 20%；0.4 mg/L<TN<0.67 mg/L，0.019 mg/L<TP<0.042 mg/L，以菹草、金鱼藻或黑藻为优势种，且覆盖率大于 20%；0.67 mg/L<TN<1.5 mg/L，0.042 mg/L<TP<0.12 mg/L，以菹草为优势种，且覆盖率为 10%左右；TN>1.5 mg/L，TP>0.12 mg/L，以菹草、

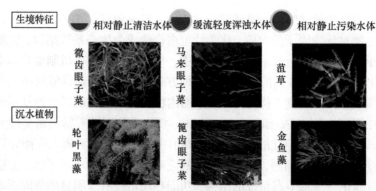

图 2.13　东部浅水湖泊常见沉水植物及其生境特征

数据来源：东部浅水湖泊营养物基准标准及太湖达标应用研究（2012ZX07101-002）

狐尾藻或菱为优势种，且覆盖率小于 10%。依据湖泊水体 TP、TN 对沉水植物的敏感度，将东部浅水湖泊演替过程分为四种类型（表 2.3）。

表 2.3　东部浅水湖泊演替阶段划分

TP/（μg/L）	TN/（μg/L）	水生植物生物量/（g/m²）	植物类型	演替阶段	健康等级
<19	<400	>1089	清洁型	I 型	优
19~42	400~670	690~1089	过渡型	II 型	良
42~120	670~1250	436~690	耐污型	III 型	中
>120	>1250	<436	无植物	IV 型	差

数据来源：东部浅水湖泊营养物基准标准及太湖达标应用研究（2012ZX07101-002）

2. 识别了滇池水生植被退化演替规律及营养盐变化特征

水专项课题"湖泊生态系统退化调查与修复途径关键技术研究及工程示范"（2008ZX07102-005）开展的生态调查发现并认识到，滇池的水生植被在 20 世纪的 60 年代至 80 年代初期发生了急剧变化（表 2.4），主要表现在种类数量和物种多样性减少，一些不耐污染的种类甚至完全消失；分布的面积迅速减少，生物量下降，建群种类趋于单一，耐污染、抗风浪的高体型沉水植物篦齿眼子菜成为优势种群。自 20 世纪 90 年代以来，滇池的水生植被尤其是沉水植被在经历了大幅度衰减后已经趋于相对稳定，变化不大。

具体来看，20 世纪 50~60 年代滇池水生植被覆盖度大约占湖面面积的 90%，水生植物物种丰富，水深 4 m 以内的湖体都有水草生长，特别是草海部分。全湖以适宜清水环境生长的海菜花和轮藻为全湖的优势种，滇池北岸及东岸芦苇呈条带状分布；70 年代后滇池水生植被在短短的十年间发生了剧烈的变化：滇池水生植被面积大幅度减少,水生植被所占面积由五六十年代的90%突然降到不足20%,水生植物分布区域由 50~60 年代水深 4 m 到 2 m 以内的浅水区;优势群落变化显著,原占绝对优势的高原湖泊特有物种海菜花 70~80 年代后已完全消失,马来眼子菜、轮藻等沉水植被也很难再看到,狐尾藻群落成为优势群落;80 年代,受昆明城市经济快速发展的影响,接纳了大量的工农业及生活废水的滇池,水体富营养化日益严重,水体透明度显著下降,水生植物的分布范围进一步减少,沉水植物逐渐向湖滨浅水区迁移,仅有占湖面积 2.05%的水域有水生植被分布,而且品种更加单一,大部分水生植被特别是沉水植被消亡;90 年代,滇池在经历了水葫芦、蓝藻相继常年暴发后,水生生态系统遭遇进一步的破坏,连喜肥水的穗状狐尾藻也被更耐污染的篦齿眼子菜所取代。随着时间的推移,90 年代后人为对沉水植被的干预减少,大自然发挥自身的力量,依靠留存的种子库发挥了一定的自我修复作用。草海南部在 2008 年沉水植被的覆盖度达到了 80%左右,沉水植物分布水深由 2 m 的范围扩大到 3 m 范围,沉水植被分布面积有所增加。水专项生态调查显示滇池沉水植被分布面积占全湖水面积的 4.1%,约为 80 年代水生植被分布范围的两倍。虽然水生植被面积有所增加,但是总生物量与 80 年代比较相差不大,长期来看滇池水生植物生物量总体仍然在减少,滇池水生植被退化的趋势并没有改变,水生植被修复仍然需要更多的人工手段的帮助。

表 2.4 滇池外海沉水植物退化历程

指标	1961 年	1978 年	1997 年	2010 年
总磷/(μg/L)	12	70	220	147
总氮/(mg/L)	0.3	1.1	1.93	2.13
Secchi 深度/m	>3	0.75	0.47	0.42
最大分布深度/m	6.5	4.5	3	3
消失的植物群落		海菜花	金鱼藻、黄丝草、苦草	菹草

数据来源:湖泊生态系统退化调查与修复途径关键技术研究及工程示范(2008ZX07102-005)

近 50 年来滇池沉水植被与环境演变表明沉水植物随营养盐负荷增加有着一个明显演替顺序。云南省环保厅发布的云南省环境质量年报显示,过去 50 年间,年平均总磷从 1960 年的 12 μg/L 升高至 1991 年的 141 μg/L,到 1999 年升至 330 μg/L,达到最高水平。2000 年以后,由于采取了一系列减少营养盐输入的措施,总磷水平在 2009 年下降至 147 μg/L。年平均总氮浓度同样地从 1960 年的 0.3 mg/L 升高至 2007 年的最高水平 3.0 mg/L,随后下降到 2009 年的 2.1 mg/L。水体平均透明度从 1960 年的大于 3 m 下降至 2009 年的 0.42 m。

相应地,滇池沉水植被全湖总盖度和物种丰富度呈现逐年下降趋势。沉水植物群落之间也由于各自对营养盐的需求不同而出现很大差异,从较为敏感的种类,如海菜花、微齿眼子菜,到耐受性很高的种类,如穗状狐尾藻、篦齿眼子菜和竹叶眼子菜。1961 年当滇池营养盐含量最低、水体透明度最高的时候,海菜花的全湖覆盖度超过 28%,但 1978 年就在滇池中完全消失。穗状狐尾藻、篦齿眼子菜和竹叶眼子菜是普遍已知的可存在于富营养化湖泊中的沉水植物种类,在 50 年的环境变化过程中始终保持有较高的丰富度。这 3 种植物高耐污性与其生活史策略有关:冬季时它们在底泥中形成贮藏有淀粉的块茎,早夏时利用自身储存的营养迅速生长,将茎扩展至水面从而形成多分枝冠层。北美洲、欧洲西北部及中国中部及南部较多浅水富营养化湖泊都发现了这 3 种沉水植物,是富营养化湖泊修复早期阶段比较合适的优先选择物种。

3. 从化学计量的角度提出了湖泊沉水植物演替的营养盐驱动机制

受营养盐输入驱动的湖泊沉水植物群落发生严重退化,表现在覆盖度降低,多样性减少,清洁型植物逐渐减少,耐污植物逐渐占据优势。湖泊沉水植物随营养负荷增加存在的明显的演替顺序取决于沉水植物群落各自对营养盐的耐受性和化学计量内稳性不同(邢伟等,2015;Xing et al.,2015;Su et al.,2019)。

调查长江中下游 97 个湖泊水环境因子和水生植物群落结构,测量常见沉水植物地上组织和沉积物氮(N)、磷(P)浓度表明(Su et al.,2019),相比于陆生植物,沉水植物对 P 元素的响应相对 N 敏感,在沉水植物体内 P 的累积大于 N,且具有较高的 P 获取能力,沉水植物存在显著的 P 化学计量内稳性而非 N。

沉水植物群落崩溃临界条件是对其弹性量化的根本途径,阈值检测表明,高内稳性种类占优势的沉水植物群落发生稳态转化的临界磷浓度较高(0.08 mg/L),而低内稳性种类占优势的沉水植物群落出现稳态转化的临界磷浓度较低(0.06 mg/L)(图 2.14)。长江中下游湖泊常见高内稳性沉水植物有微齿眼子菜、苦草、马来眼子菜;低内稳性植物有金鱼藻、狐尾藻、黑藻(图 2.15)。

Su 等(2019)研究表明,与由低内稳性物种占优势的生态系统相比,高内稳

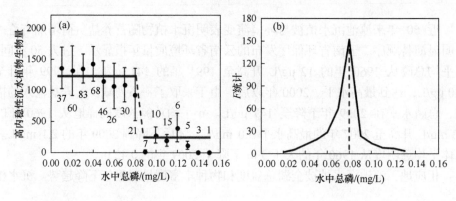

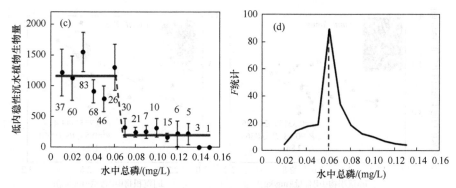

图 2.14　高内稳性/低内稳性沉水植物生物量与水体中总磷之间的关系（Su et al.，2019）

性沉水植物占优势的生态系统具有较高的生产力、稳定性和可塑性（由高营养盐阈值所表征）。高内稳性植物占优势的生态系统具有较宽的双稳态区，在前行衰退轨迹的末端具有较低的生物量，但由于保守的营养盐利用策略和较低的生长速率，在沿着恢复轨迹趋于平衡时具有较高的丰度（图 2.16）。

　　以上研究从化学计量的角度提出了沉水植物演变的一种独特机制。结果表明，沉水植物 P 的化学计量调节能力不仅是预测生态系统结构和稳定性的强有力的指标，也与在面临外界干扰下物种演替与生态系统弹性变化相关联。高内稳性植物

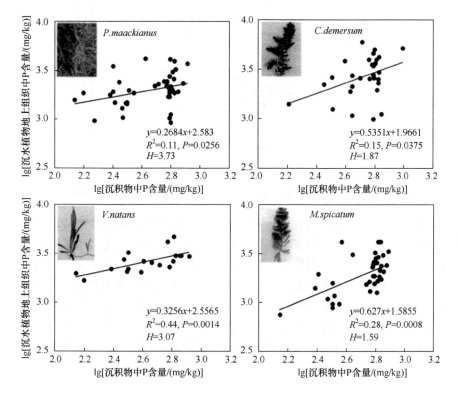

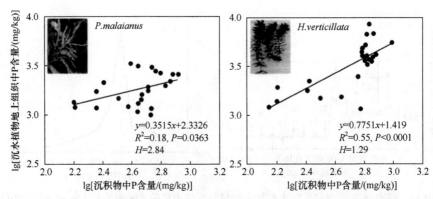

图 2.15　沉积物 P 与沉水植物地上组织中 P 含量之间的关系。化学计量内稳性系数（H）根据公式 $\lg y = \lg c + (1/H)\lg x$ 计算所得，其中 y 是植物的 P 含量，x 是沉积物的 P 含量，c 是常数。左边三种为高内稳性植物，分别是微齿眼子菜（$P.\ maackianus$）、苦草（$V.\ natans$）和马来眼子菜（$P.\ malaianus$）；右边三种为低内稳性植物，分别是金鱼藻（$C.\ demersum$）、穗状狐尾藻（$M.\ spicatum$）和轮叶黑藻（$H.\ verticillata$）（Su et al.，2019）

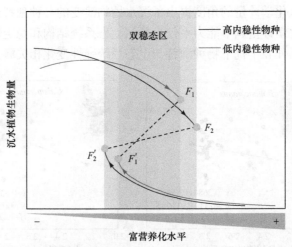

图 2.16　浅水湖泊稳态转化机制与过程的模式图（Su et al.，2019）

占优势的生态系统倾向于具有更稳定的状态，而低内稳性植物占优势的生态系统对外界的扰动更为敏感。即富营养化通过首先抑制高内稳性的沉水植物群落来使湖泊生态系统去稳定化，但低内稳性的沉水植物群落由于较低的突变阈值而先行崩溃，这恰好可用作湖泊生态系统从清水到浊水转化的早期预警信号。但同时由于低内稳性植物具有较快的恢复能力，因此可作为生态修复的先锋物种。这一发现对理解化学计量内稳性在决定沉水植物占优势的湖泊生态系统的结构、稳定性和弹性中扮演的角色具有重要意义，对沉水植物恢复过程中先锋物种的选择具有重要的指导意义。

2.4.3 应用实践

1. 滇池

"十二五"期间，滇池外草海湖内生态修复示范工程主要先锋种和建群种移植工程建设中，依据水环境变化情况，分步骤地在局部区域引入其他本土物种，增加沉水植物物种丰富度（表2.5），促使最终形成物种相对丰富、稳定的水生植物群落。在水体透明度能够相对稳定地在 60 cm 以上时，选择具有一定耐污性的物种，在外草海南部近岸带及 50 万 m² 水域核心示范区内水深<2.0 m 浅水区域引种穗花狐尾藻、菹草、金鱼藻作为先锋种和建群种。在前期工作的基础上，随着水质的改善和透明度的提高，为其他物种的引入和优势种群构建奠定了基础。在水体透明度能够相对稳定地在 80 cm 以上时，选择对水质条件要求相对较高的清水物种，在 1.5 m 水深内的区域成簇状，接种马来眼子菜、苦草等。2016 年项目实施后，水生植被占整个水域面积的比例增加到 40%以上。

长期以来，普遍认为较高营养负荷条件下（如 TP>0.1 mg/L）湖泊生态系统将以藻型浊水稳态存在。我国长江中下游湖泊要实现向草型清水稳态的转换，其营养阈值条件为 TP<0.08~0.13 mg/L，TN<2.0 mg/L。水专项通过生态修复条件创建、水生植被构建和水生植被维护技术的优化与集成，在滇池外草海西岸湖区（TP 0.27~0.92 mg/L，TN 2.2~11.4 mg/L）成功构建并维持草型清水生态系统，沉水植被盖度达 80%，透明度 1.5 m，水质改善效果明显。该实践首次证明了经典的长江中下游浅水湖泊稳态转换的营养阈值范围并不适用于高原湖泊，高原重污染湖泊的稳态转换可能具有其特有规律。这一发现揭示了湖泊富营养化治理中外源控制的同时开展湖内行动的重要意义，拓展和丰富了湖泊稳态转换的内涵，对于指导高原富营养化湖泊的治理具有重要的实际意义。

表 2.5　滇池外草海水生植被恢复扩增区工程量

先锋种/建群种	名称	面积/m²
主要先锋种和建群种	穗花狐尾藻	250000
	菹草	200
其他建群种	马来眼子菜	1500
	苦草	1500
	金鱼藻	3000
	轮叶黑藻	5000

数据来源：滇池草海水生态规模化修复关键技术与工程示范（2013ZX07102-005）

2. 太湖

通过太湖典型区域水生植物调查，水专项课题"太湖贡湖生态修复模式工程技术研究与综合示范课题"（2013ZX07101-014）筛选出能适宜贡湖环境条件，具一定耐污能力，且能较快扩张并形成稳定群落的沉水植物先锋种为红线草、金鱼藻、黑藻和菹草等，支撑了水陆交错带水生植物优配、多样群落构建与稳定、高藻敞水区水生植被重建、多样性稳定维持与生态调控技术及集成形成的多层次、规模化水生植被重建与生态调控关键技术。

沉水植物群落恢复构建及水质改善技术示范工程建设分两阶段：第一阶段（改善水质），示范区由于生境改造完成，水体透明度较低，需栽种沉水植物先锋种迅速提高透明度，改善水下光照，降低水体营养盐浓度，为下一阶段打好基础。研究示范区于2013年种植黑藻、穗花狐尾藻、马来眼子菜、刺苦草等沉水植物先锋种，改善水质，提高水体透明度。在浅水区栽种苦草、刺苦草（草垫型）以及黑藻（莲座型）沉水植物先锋种，而在中水及深水区配置马来眼子菜、穗花狐尾藻以及金鱼藻（大型直立状），快速改善水下光照条件，提高水体的透明度。第二阶段，2015年下半年，由于示范工程前一阶段的建设，水体环境有了大幅度的提高，示范工程建设进入第二阶段（多样性提高）。水陆交错带以及浅水区配置多种湿生以及挺水植物，并种植浮叶植物，而在中水区及深水区配置多种沉水植物，完善示范区水生植物的种类，提高生物多样性。

2.5 富营养化湖泊食物网调控原理

食物网是生态系统中生物物种之间通过捕食作用而形成的复杂网络关系，反映了生态系统的营养结构和生态过程，是生态系统物质循环和能量流动的基础（Lindeman，1942；Thompson et al.，2012；王少鹏，2020）。湖泊富营养化会导致浮游植物过度繁殖，沉水植物退化，生态系统食物网结构简单化，生物多样性降低、稳定性减少，生态系统失衡。而重建一个平衡稳定的水生生态系统依赖于食物网调控的长期作用。因此，重塑和优化食物网结构并发挥其最大生物调控功能控制藻类水华是湖泊生态系统修复的关键措施，以鱼类调控为主的食物网调控成为湖泊生态修复研究的主要内容之一。

2.5.1 科学基础

湖沼学早期研究认为营养物质是水生态系统的主要调节因子，而捕食者对水生态系统结构和功能的调控作用也随着人们对水生态系统认识的不断深入被逐渐受到重视。上行/下行理论（McQueen et al.，1989）认为水生生态系统的结构和功能是"上行效应"（资源限制）和"下行效应"（捕食限制）共同作用的结果，即水体中营养盐的多寡决定生态系统可能达到的最大生物量，而湖泊水体实现的生物量则取决于上行和下行的共同影响。

因此，湖泊浮游植物生物量不仅与营养物质有关，也与鱼类的"下行效应"有关。Shapiro 等（1975）最先提出了经典生物操纵理论，也称食物网操纵，即指通过去除食浮游动物鱼类或增加凶猛性鱼类数量以控制浮游动物食性鱼的数量，从而保护和发展大型牧食性浮游动物，提高浮游动物对浮游植物的摄食效率，从而达到对水体浮游植物控制的目标。我国学者谢平研究员基于东湖水华控制的实验研究提出了非经典生物操纵，即放养食浮游生物的滤食性鱼类（如鲢、鳙等），通过鱼类直接牧食减少（蓝藻）藻类生物量（谢平，2003）。非经典生物操纵也包括利用浮游动物直接摄食浮游植物的措施。经典生物操纵和非经典生物操纵都利用了鱼类的下行效应控制浮游植物生物量。

目前，尽管经典生物操纵和非经典生物操纵在很多富营养化湖泊治理修复中都有所应用，但有关生物操纵技术的有效性在国内外仍存在着一定的争议。由于水体中的食物网结构极其复杂，强调单一营养级的生物操纵技术能否达到预期的效果，还要取决于具体生态系统的生物组成和营养化程度等。一方面，由于生态系统自身的复杂性，任何营养级的生物都会受到相邻营养级通过捕食、竞争等作用的制约与影响，从而影响其最终作用。同时，单一的调控技术自身也存在着局限性和适用性，并非适用于所有的湖泊生态系统。例如，经典生物操纵不能有效控制丝状藻类和形成群体蓝藻水华，且不适用于浮游动物对浮游植物摄食压力不大的水体如我国的大型浅水湖泊；非经典生物操纵的一些应用也发现滤食性鱼类对微囊藻的消化利用率较低（25%～30%）（张国华等，1997），未消化的微囊藻随排泄物分解重新进入水体，且未消化微囊藻经鲢、鳙代谢后其生长速率和光合活性均得到了增强（Jancula et al.，2008）。此外大型浮游植物被大量滤食后会导致浮游植物趋于小型化，使浮游植物总生物量变化不大或增加。因此，如何通过优化生物控藻组合方式和食物网给配关系，最大化生物控藻效果，使生物操纵技术在湖泊生态修复中发挥更好的作用是水生态修复的重要研究内容。

生态系统的稳定性依赖于群落组成的多样性和完整性。群落生物组成按照营养方式可为三个功能群，即生产者、消费者和分解者。处于相同功能群的物种对生物群落具有相似的作用，其成员之间相互取代后对生物群落过程具有较小的影响。不同功能群生物之间通过一系列取食与被取食的关系形成食物链和食物网结构。物种多样性是维护生态系统结构和功能的必要途径。群落物种组成多样性和完整性能够增加食物链和食物网的复杂性和提高生态系统结构和功能稳定性。

食物网调控利用调节食物链/网不同营养级生物间互相制约关系达到控制藻类目的。复杂食物链/网构建能够促进营养物质和能量循环流动和平衡，提高生物多样性和完整性,增加生态系统稳定性,更好地达到控藻目的。基于鱼类对藻类下行效应和营养物对藻类的上行效应,通过优化生物控藻组合和食物网给配关系,最大化生物控藻效应,使生物操纵技术在湖泊生态修复中发挥更好的作用。

2.5.2　研究创新

水专项课题研究了优化生物控藻方式和给配关系,提出了多营养级食物网调控和经典与非经典生物操纵相配合的食物网调控方式,解决了单一营养级的食物网调控带来的使用局限性等问题,最大化生物控藻的生态效应。

1. 提出了多营养级食物网调控

水专项课题"湖荡湿地重建与生态修复技术及工程示范课题"(2012ZX07101-007)提出了食物网重塑与多营养级生物操纵技术,控制生产、消费、分解平衡,维持生态系统的稳定。采用 Ecopath 模型分析目标年(20 世纪 80 年代成熟草型湖泊发展阶段)和基准年(2010 年)滆湖生态系统状况,提出藻型湖泊生态系统的薄弱物质循环通路,结合现场围隔实验研究,形成加强以浮游植物食物链和以碎屑食物链为起点的多营养级食物网调控。鲢鳙放养生物量 $20 \sim 40 \ g/m^3$、配置比例 $7:3 \sim 3:1$,鲴类密度约 $5 \sim 15 \ g/m^2$;蚌类 $15 \sim 25 \ g/m^2$,螺类约 $30 \sim 45 \ g/m^2$。

开展了在实验室条件对生态修复工具种的生理学特征、控藻能力及其对水质影响的小试试验研究,包括水生生物(细鳞斜颌鲴、三角帆蚌和铜锈环棱螺)生理学特性研究,单一投放一类水生生物(细鳞斜颌鲴、梨形环棱螺、三角帆蚌、河蚌和河蚬)的控藻作用及对水质的影响,鲢鳙鲴组合控藻的机理性研究,水生动物组合控藻及对水质的影响,鲢、鳙、鲴、底栖联合水生植物控藻及对水质影响研究,鲢鳙、铜锈环棱螺和河蚬的元素测定及排泄研究(郭艳敏等,2016;张毅敏等,2015)。单一物种的生物操纵作用较弱,需重塑和完善"鱼—螺—贝—草"的复杂食物网结构,形成具有一定自组织能力的共生生态系统,促进营养物质平衡,达到改善水质目的;鲴、鲢鳙鱼+蚌+水生植被(蕹菜)为藻类控制、氮磷去除最佳组合,鱼类有利于控藻除磷,水生植被有助于降氮,而蚌可进一步净化水质(氨氮);充分利用鲴(刮食性、中下层)、鲢鳙(滤食性、中上层)等不同鱼的生活习性及生理特点,互相结合可提高水中营养盐的去除效果;鲢鳙鱼比例视水体中氮磷含量及控制目标而定,以控磷为主则可放大鲢鱼比例,以降氮为主则可放大鳙鱼比例;底栖生物悬挂吊养的蚌的净化作用优于底层放养的螺。

该技术实施后水体叶绿素 a 去除 10% 以上,总磷削减 20% 以上,水生生物各类群多样性增加 20% 以上。结合浅水区水生植被的恢复,形成具有一定自我组织能力的生态系统,促进营养物质的平衡,使生态结构合理稳定。

2. 提出了经典与非经典生物操纵相配合的鱼类生态调控

水专项课题"洱海湖泊生境改善关键技术与工程示范"（2012ZX07105-004）研究表明，洱海鱼类群落结构自 20 世纪 50 年代起，从原有土著特有鱼类为主转变为以外来入侵鱼类（小型鱼类为主）占主导的格局，且均以摄食浮游动物为主，很大程度上削弱了经典生物操纵作用。因此，通过调控外来入侵鱼类银鱼等小型鱼类，适当降低投放鲢鳙，可提升洱海水体的大型浮游动物种群。

基于"十一五"期间对洱海水生态的研究结果，提出可通过实施鱼类生态调控达到控制藻类的目的，研发了以经典生物操纵和非经典生物操纵相配合的生物控藻技术，即控制鲢鳙数量并减少食浮游动物鱼类数量。通过中试和全湖实验，分阶段实施银鱼控制和鲢鳙种群综合调控，通过监控藻类负荷和大型浮游动物的响应，最大化经典和非经典生物调控的生态效应，确定关键的种群参数，构建洱海的鱼类生态调控模式，有效抑制或削弱洱海蓝藻水华的发生。首次提出了控制鲢鳙投放量，增加土著鱼类投放比例，突破洱海藻类生物控制从非经典为主转变为经典和非经典并重的生物控藻模式（图 2.17）。实行全湖鲢鳙调控，单位面积投放鲢鳙密度约为 1.2 g/m^2，鲢鳙比例为 9 : 1，规格 250～400 g/尾；投放时间为每年 1～2 月，捕捞时间推迟到每年的 10 月底；捕捞规格为 3～4 龄。开展适度银鱼特许捕捞，通过对银鱼等外来鱼类的调控可提高洱海大型浮游动物的控藻效率，依靠大型浮游动物对藻类的直接摄食作用即经典生物控藻达到控藻效果。洱海自 2015 年在银鱼繁殖季节前（7～8 月）组织银鱼刺网捕捞，繁殖季节（9～10 月）在重要银鱼产卵区采用拖网捕捞。

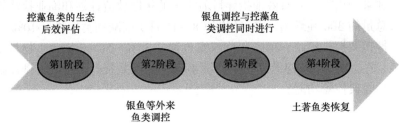

图 2.17　洱海基于全湖鱼类调控的生物控藻
数据来源：洱海湖泊生境改善关键技术与工程示范（2012ZX07105-004）

2.5.3　应用实践

1. 太湖

水专项示范工程"滆湖湖体生态系统调控与稳定维持工程示范"位于滆湖北部区域及殷村港口以西区域，面积总计 2000 亩。在滆湖北部湖区生态岛内水域开展了鱼类、底栖动物和水生植物联合控藻及其对水质改善的原位围隔试验研究。

鲢鳙双因素围隔试验表明，鲢鳙密度控制在 40 g/m³、鲢鳙比在 7∶3，对改善水质和生态系统更加有利，是最优方案。鲢鳙鲴蚌正交试验，认为鲢鳙比例为 1∶3、鲢鳙密度为 35 g/m³、蚌密度 20 g/m²、鲴鱼密度 40 g/m² 围隔对浮游植物和水质的控制效果最佳。鱼蚌螺草试验表明，鲢鱼与鳙鱼为 4∶1 的比例是去除氮素和磷素的最优组合，可以设置鲢鳙鱼比例为 4∶1，投放密度为 80 g/m³ 的投放密度，从而抑制蓝藻生长，达到净化水体目的。7.5 g/m² 密度鲴鱼投放量的实验组，对 TP 的去除率可达 66.81%，高于 15 g/m² 实验组的 59.90%。150 g/m³ 投加密度的围隔，引入蕹菜后，TN、NH_3-N 和 NO_3^--N 的去除率提升 6.1%～12.1%。全湖藻类控制试验表明，将鲢鳙在现有生物量的基础上按比例增加 1 倍到 27 g/m³，则鲢鳙对藻类的摄食率可增加到 39.6%。综上所述，多营养级生物操纵技术参数为，鲢鳙生物量 20～40 g/m³、比例 7∶3～3∶1，鲴类密度约 5～15 g/m²；蚌类 15～25 g/m²、螺类约 30～45 g/m²。采用该技术和其他技术如浅水区水生植被恢复技术及入湖河口污染物拦截技术等，在滆湖北部湖区 14 km² 的水域开展了滆湖湖体生态系统调控与稳定维持工程示范，第三方监测结果表明，叶绿素 a 去除率为 62.0%，总磷削减率为 27.4%，水生生物各类群多样性增加 35.7%～140.4%。

2. 洱海

水专项课题选择北部湖湾藻类水华发生堆积的高风险区域，有效地预防和削减每年夏秋季蓝藻水华在这些水域的堆积，实施了"洱海藻类水华生物削减原位生物控藻技术试验项目"。通过该项目的实施，能够为洱海生物控藻提供最基础的放流参数和管理措施，并有效地指导目前实施的年度放流计划和渔业执法管理。全湖投放总量约 300 吨鲢鳙，在水华期（8～11 月）削减藻类生物量 10%～15%。通过银鱼捕捞调控，2012～2016 年削减银鱼种群 30%～50%，银鱼生物量至少消减 480 吨，估计减少捕食浮游动物生物量 4800 吨，有效提升了洱海大型浮游动物数量以强化经典控藻功能。

2.6 本 章 小 结

我国近二十年来在富营养化湖泊生态系统修复机理研究方面取得了重要进展。富营养化湖泊生态系统稳态转换过程阶段性研究方面，构建了稳态转换阶段评价指标体系和方法，提出了湖泊稳态转换不同阶段划分依据和阶段性特征，指导了根据湖泊所处的不同稳态转换阶段采取相应的治理措施的湖泊治理与修复实践。

富营养化湖泊生态系统稳态转换生境要素驱动方面，阐明了湖泊内负荷形成机制，从内负荷角度认识了内源污染对湖泊富营养化的影响，对内源污染治理修复提供了理论指导；转变了单纯强调通过减低营养盐负荷来实现湖泊生态系统浊清稳态转换的思路，从水生态系统演替的角度出发，以水质改善目标和生态修复目标相结合，将营养盐负荷控制在湖泊稳态转化的阈值内，突破了沉水植物恢复和草型清水态构建维持的关键物理环境参数，提出了恢复清水态生态系统的新思路。通过实施生境改善和生态重建等人工干预措施，驱动富营养化湖泊由"浊水—藻型"向"清水—草型"的健康生态系统转变。

浅水湖泊蓝藻水华发生的营养限制因子及其阈值和全过程研究方面有了新的突破。揭示了富营养化浅水湖泊生物地球化学过程和氮磷限制特点，确定了太湖蓝藻生长的营养限制因子及其阈值，为制定太湖富营养化控制战略及湖泊治理提供了科学依据；发现了蓝藻水华的全过程形成特征，确定了蓝藻水华不同阶段判别和控制阈值，阐明了蓝藻处于水华形成的各阶段特征与时空分布规律，为针对不同阶段采用有效差别性蓝藻水华防治措施提供了重要的科学依据。

发现了退化湖泊沉水植物演替规律及其驱动机制，确定了退化湖泊沉水植物演替不同阶段的营养盐阈值，认识到沉水植物化学计量内稳性机制在沉水植物群落演替中发挥的重要作用，为湖泊沉水植物修复先锋种选择提供了理论基础。

通过优化食物网调控方式和给配关系，提出了多营养级生物操纵和经典与非经典生物操纵相配合的生物调控模式，克服了单一营养级的生物操纵作用的弱点及其带来的局限性等问题，提高了食物网调控技术在我国湖泊修复中的有效性。

第 3 章　高原高营养负荷湖泊清水稳态构建

我国高原湖泊主要分布在蒙新高原地区、云贵高原地区和青藏高原地区（吴迪，2011）。随人口的增加、城市化加快及工农业的快速发展，高原湖泊及重点流域水污染严重，富营养化程度加大，蓝藻水华暴发频繁，湖泊的自净能力不断降低（史岩松，2010）。因此，急需采取有效措施开展高原湖泊水生态修复。外源控制是目前最常用的修复措施，该措施虽可以减少污染排放，提升水质，但是，通过降低湖泊水体氮磷浓度，并不能有效遏制水华暴发（李建松，2016）。

水专项研究提出了基于湖泊清水稳态构建的水生态修复思路，通过控制环境条件，使得沉水植被成为主要初级生产力，从而促进湖泊从"浊水态"向"清水态"的方向演替，并已证明其可有效地控制蓝藻水华的暴发，改善水质，提高生物多样性，恢复湖泊自净能力，并逐渐形成良性水生态系统。基于此，本章在水专项高原湖泊水生态修复相关研究的基础上，以典型高原重污染湖泊滇池为例，研究探讨高营养负荷条件下，湖泊清水稳态构建的原理与机理创新，可为高原重污染湖泊规模化生态修复提供科学依据。

3.1　湖泊稳态转化及高营养负荷条件下的生态修复

近年来，伴随湖泊富营养化的加剧，湖泊稳态发生转换。湖泊一般存在"清水稳态"和"浊水稳态"两种稳态，当处于清水稳态时，湖泊藻类生物量少，植被覆盖率高；而浊水稳态则与之相反（吴思枫等，2018）。当湖泊从"清水态"逐渐转变为"浊水态"，则生态系统会严重受损（邓文文等，2021）。生态修复就是通过结合自然过程和人工辅助等措施，修复富营养化生态系统，进而恢复湖泊生态系统的结构和功能（王玉智，2021）。

3.1.1　湖泊生态系统退化及稳态转化

近年来，由于诸多原因，我国许多湖泊水质呈现恶化趋势，生态系统退化，水生植物特别是沉水植物的衰退和消失普遍发生（谢贻发，2008；李源，2010）。沉水植物的减少及消失，影响了湖泊水生植物群落的发展，降低了水生植被群落的生物多样性，使整个湖泊生态环境更加脆弱。最终，由沉水植被占主体的清水稳态会转变为由浮游藻类占主体的浊水稳态。然而要恢复健康的水生态系统，实现湖泊水体由"浊水稳态"向"清水态"逆转难度非常大。这就需要对已退化的湖泊进行全面诊断和分析，寻找关键的影响条件及限制因子，在改变维持藻型生态系统环境条件的基础上，进行有针对性的生态修复及调控，并根据湖泊生态系统稳态转换理论，推动富营养化湖泊生态修复。

生态系统稳态转换是指由生物、物理和化学因素驱动的生态系统从量变到质变的过程（李源，2010）。如上文所述，当生态系统稳态发生改变时，湖泊的生态系统随之变化。稳态转化理论是指导人类恢复和管理生态系统的重要基础，稳态转换理论在淡水生态系统转化过程研究中的应用，是解决当前水体富营养化问题的根本途径。在外部环境的驱动下，生态系统从一种稳定状态转变成另外一种稳定状态的过程可能是连续的渐变，也可能是不连续的突变或者其他形式的变化。2001 年，Scheffer 等在前人研究的基础上，依据生态系统不同状态对环境变化所产生响应的过程，将稳态转换分为三种类型（图 2.1）：平滑型、突变型和不连续型（李源，2010）。平滑型和突变型稳态转换在每个驱动条件下生态系统只对应一个平衡稳态。而不连续型稳态转换在某一驱动条件下，生态系统往往具有两个或者以上的平衡状态。平滑型和突变型稳态转化的变化过程可以分别用一个方程来表达，而不连续型稳态转化由于每一个驱动变量对应两个或者以上的系统稳态，所以用单一的方程不能表达其变化过程（常锋毅等，2007）。

3.1.2　高营养负荷条件下湖泊生态修复需要解决的主要科学问题

富营养化湖泊的生态恢复的本质是恢复湖泊生态系统的正常功能。简单来说就是富营养化藻型湖泊生态系统通过一定的技术方法，使其转化为水生植物群落多样化的草型湖泊生态系统。想要实现这一目的，可以通过改变外部环境，使得原来的生态系统受到的胁迫发生改变，只要其胁迫超过了生态系统承受的阈值，原来的生态系统就会崩溃，代之以新的、与环境条件相协调的生态系统（申强和雷继成，2012）。因此，需对退化湖泊进行全面诊断和分析，寻找关键的影响及限制因子，并通过在改变维持藻型生态系统的周围环境的基础上，实施针对性的生态调控，经济有效地实现富营养化湖泊生态修复。

一般来说，富营养化的水体，就其中所含有的营养盐浓度本身而言，还没有达到抑制其他水生植物正常生长的营养盐浓度，富营养化的主要原因是其间接效应，即由于水体中所含营养盐浓度较高，促进了藻类的繁殖，而这种营养盐浓度的升高不仅使藻类生长迅速，而且改变了水体的物理和化学性质，使水体透明度大大降低，从而与沉水植物竞争光源和碳源，抑制沉水植物的发育（李伟和尹黎燕，2008）。因此，目前，水文过程调控（降低水位）和提高水体透明度成为改善生境、为沉水植被恢复创造条件的重要措施（Keddy and Fraser，2000）。而降低水位，扩大水位变幅，与提高透明度有内在相通的效果，降低水位相当于提高了水体透明度，但比单纯增加透明度更有意义。因为，降低水位、增加水位变幅，还可以改变滨岸带沉积物的理化性质，使其见光、增氧，降低其还原性、促进有机质氧化分解，而沉积物中的繁殖体由于光、温、氧气等浓度的变化而被激活，极大促进了滨岸带和浅水区植被的自然恢复。

在湖泊生态修复的实践中不乏构建水生植被的成功案例，如武汉的莲花湖、太湖的五里湖等，但是，由于缺乏生态系统管理及维护技术，这些刚建立的系统非常容易崩溃。究其原因，主要在于：①对关键生态过程机制认识不足，缺乏恢复不稳定水生态系统的相关管理与维护技术。②对成功构建的沉水植被种群还缺乏如何使之长效运行的整体方案与支撑技术，对水生植物生物量的管理与资源利用方法的研究不足等。因此，本研究主要介绍"十二五"期间在高原重污染湖泊滇池开展的清水稳态构建工作，以期为湖泊生态修复的实践提供借鉴。

3.2 高营养负荷湖泊水质及水生态特征

高营养负荷湖泊是指水体氮、磷等营养物浓度较高，浮游生物种类减少，但是生物量高的湖泊。由于水体氮、磷浓度较高，蓝藻等藻类大量繁殖，导致水体透明度和溶解氧降低，从而影响水生生物，进而破坏水生态系统结构和功能。随我国社会和经济发展，我国高营养负荷湖泊日益增加，其水生态系统恶化问题突出，主要表现为蓝藻生物量较高，沉水植被减少，湖泊生态系统稳定性降低等，本研究以滇池为例总结高营养负荷湖泊水生态特征。

滇池水污染问题较为严重，水生态退化明显。从 20 世纪 70 年代的Ⅲ类恶化到现状的Ⅴ类，局部甚至劣Ⅴ类。滇池水体总磷（TP）、总氮（TN）呈现先增加后降低的趋势。TP 经历了缓慢的增长阶段（1960～1990 年），然后进入到急剧跃升阶段（1990～2000 年），接下来呈现明显下降趋势。TN 浓度变化大体分为两个阶段，第一阶段为 1960～2007 年，TN 浓度稳步上扬；第二个阶段为 2008 年至今，TN 浓度呈现为下跌趋势。伴随滇池水质污染的加重，水生生物在种群组成结构和功能受到较大的影响，导致了生态系统结构简单，部分生态功能退化。高原湖泊生态系统稳定性较其他湖泊稳定性更差的特点加剧了滇池水生态的退化，据相关资料报道，20 世纪 60 年代时滇池的植被占到全湖面面积的 90%以上（董学荣，2013）。1969～1978 年，在滇池围湖造田约 2330 hm²，使滇池的湖区面积减少了 23.3 km²，进一步破坏了滇池自然的湖滨湿地系统（邓明翔，2012）。

目前，滇池沉水植物一般只能在湖滨浅水区生长分布，大多数深度超过 2 m的地区没有沉水植物。沉水植物的分布面积仅大约为 6.8%，且其中大部分分布在滇池南部。同时由于水体富营养化，蓝藻水华季节性暴发，湖泊优势种为浮游藻类，占据上部空间，使水生植物的底部无法吸收光和可用的营养元素，水体透明度降低，湖区的植物分布面积减少，生物量也在逐渐降低，许多耐受性差的物种，例如海菜花等正在逐渐消失，促使"草型"湖泊转向"藻型"湖泊。由此可见，营养物质的持续输入、人为改造滇池地理结构，使得滇池水资源和生态系统结构的连续性和完整性都受到严重破坏，物种的多样性也随之减少。

3.3　高原重污染湖泊草型清水态构建——以滇池为例

高原重污染湖泊普遍存在氮磷含量较高，水污染严重等问题，已成为限制流域可持续发展的重要因素（高伟等，2019）。沉水植物作为湖泊初级生产者，可吸收和降解湖泊氮磷等营养物质，净化水体，对于保持湖泊的清水稳态具有重要意义（王琦等，2017）。高原重污染湖泊沉水植物的大规模恢复已成为湖泊管理和生态修复中的关键和难点。基于此，水专项研究提出了草型清水套构建与维持关键技术，助力滇池水体由藻型浊水态向草型清水态的转变。

3.3.1　滇池生态系统环境胁迫的识别与内负荷释放

云贵高原湖区具有独特的地理、气候和水文过程，丰富的降雨及陡峭的地形等，导致该区域湖泊营养盐汇流速率快，累积特征明显；充足的光照和适宜的温度等，使该区域湖泊营养盐转化速率较快，进而富营养化机制较为独特。外源入湖氮磷负荷持续增加是导致湖泊水生态系统退化、诱发富营养化和有害藻类水华的主因。随着外源污染逐步得到控制，沉积物与藻类湖泊生态系统的重要营养库，其氮磷等营养物释放成为湖泊富营养化的重要营养源，即内源性营养盐释放对湖泊水体营养盐浓度及迁移转化有重要影响；也就是说，该类富营养化湖泊即使外源污染物全部被阻断，其内源营养盐释放依然能够使湖泊氮磷较长时间处于富营养水平。因此，识别湖泊生态系统环境胁迫因子，特别是研究内源氮磷释放已成为控制湖泊富营养化与构建草型清水态的热点问题。

水专项"滇池水体内负荷控制与水质综合改善技术研究及工程示范"（2012ZX07102-004）创新了滇池内负荷理论与方法体系，系统地解释了滇池全湖内源性污染与内负荷特点，并且量化了滇池内负荷对全湖水污染的贡献：藻源氮负荷贡献为 8%，泥源氮负荷贡献为 23%；藻源磷负荷贡献为 18%，泥源磷负荷贡献为 5%（图 3.1），创新了对湖泊内源污染的认识，对沉积物的认识从释放通量转变为泥源负荷，对藻类的认识从生产者转变为藻源负荷。

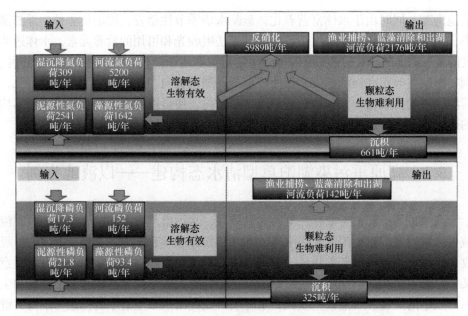

图 3.1　滇池内源氮磷负荷对水污染的贡献

3.3.2　沉水植物恢复是湖泊治理和生态修复的重点和难点

　　沉水植物作为主要生产者在滇池水生态系统中扮演着重要角色，因为水生植物既是生态系统的初级生产者，也是水生生态系统的基本组成者。水生植物既能充分吸收水体中的营养盐，改变其水体及底泥的理化性质，又能够有效地促进沉积，抑制再悬浮，降低水体内的营养盐浓度，提高水体透明度；其体表的周丛生物可以起到"挂膜"作用，而且除了与藻类相互竞争光、CO_2 外，水生植物还可以分泌抑藻物质，从而减少水体的藻类浓度，进一步改善或增强水体的透明度，而这样的情况就会形成良性循环，进一步地促进水生植被的繁殖发育，从而改变水体的富营养化状态，恢复水生植被。当沉水植物丰富时，则水质清澈，水体含氧量高，水体藻类密度低，生物多样性高。可见，恢复沉水植物对维持湖泊生态完整性、稳定性极其重要。因此，以水生植物恢复为重点的湖泊生态修复已普遍被认为是湖泊富营养化治理和生态恢复的常用方法。富营养化水体沉水植物大规模恢复已成为湖泊管理和生态修复中的关键和难点。

　　除此之外，沉水植物对于稳定浅水湖泊清水状态具有重要意义。草型清水态构建技术可恢复大量沉水植被，而沉水植被生长和发育可吸收大量营养盐，还可为无脊椎动物提供庇护所，为鱼类及其他动物提供产卵地。可见，沉水植物既是湖泊食物链赖以存在的物质基础，也是维持生态系统清水稳态的必要条件。

　　水生植被恢复所需要的前提条件，包括控制内、外源污染负荷，降低水体营养盐浓度；适当调控水文过程，通过降低水位等措施，提高水体透明度。因此，水生植被恢复，主要有两种方式，其一是自然恢复，其二是人工恢复。从目前看，人工恢复则较普遍。本研究主要介绍水专项研发的草型清水态构建与维持的关键技术及其在滇池水生植被人工修复中的应用。

3.3.3　草型清水态构建与维持关键技术

水专项"滇池草海水生态规模化修复关键技术与工程示范"（编号 2013ZX07102-005），由中国科学院水生生物研究所单位牵头，研发了草型清水态构建与维持的关键技术。该技术在研究较高营养负荷条件下驱动藻型/草型稳态转换的关键环境要素的基础上，定量解析构建草型清水态的阈值与边界条件（营养盐水平、水体透明度、水位条件和植被盖度等）；研发水质改善和水体透明度快速提高技术、外来入侵漂浮植物的控制技术，结合水位调控，提出沉水植被恢复的关键生境条件；确定沉水植被适宜扩增规模，实现沉水植被优势种群的构建和规模化扩增，促使湖泊由藻型浊水态向草型清水态的转变，技术路线如图 3.2 所示。

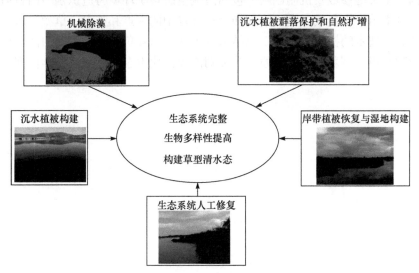

图 3.2　草型清水态构建技术路线

3.3.4　高原重污染湖泊清水稳态构建应用实践

水专项"滇池草海水生态规模化修复关键技术与工程示范"（2013ZX07102-005）和"滇池水体内负荷控制与水质综合改善技术研究及工程示范"（2012ZX07102-004）课题在湖泊稳态转化理论指导下，综合分析了滇池水生态特征，开展了草型清水态构建关键参数及机制创新，形成了高原重污染湖泊清水态构建系列技术，包括高原重污染浅水湖泊污染负荷控制关键技术、草型清水态构建与维持关键技术等。其中，高原重污染浅水湖泊污染负荷控制关键技术涵盖了入湖外源污染控制集成技术和高原重污染浅水湖泊内负荷综合控制集成技术；通过外源和内源污染综合控制，对滇池流域水污染治理和富营养化控制起到重要作用。草型清水态构建与维持关键技术涵盖了生态水位适度调控与水体透明度快速提高技术、草海沉水植被规模化恢复与群落优化调控技术和草型清水态维持技术；从生境条件改善、规模化生态修复及清水态维持等多方面推动生态系统恢复。

3.4　本 章 小 结

本章以滇池为例，系统地分析了高原重污染湖泊高营养负荷条件下清水稳态构建机理及原理创新。从湖泊生态系统退化及稳态转化视角，提出高营养负荷条件下湖泊生态修复需要解决的科学问题；进一步提出高原重污染湖泊清水稳态构建的科学设想——滇池清水态修复，系统总结了水专项在高原重污染湖泊草型清水态构建中关键参数及机制创新，包括滇池生态系统环境胁迫识别与内负荷释放机制、沉水植物恢复成为湖泊治理和生态修复中的重点和难点、草型清水态构建与维持关键技术的提出与创新。总结水专项在高营养负荷条件下湖泊清水稳态构建的原理与机理创新，可为高原重污染湖泊规模化生态修复提供科学依据。

第4章 高原富营养化初期湖泊水生态系统优化调控

云贵高原湖泊具有独特的地理、气候和水文过程，丰富的降雨及陡峭的地形等，导致该区域湖泊营养盐汇流速率快，表现出明显的累积特征；该区域光照充足，温度适宜，加速该区域湖泊营养盐转化。因此，云贵高原湖泊的富营养化机制较独特。洱海作为典型高原湖泊，由于周围人口急剧增加，人类活动导致入湖氮磷等营养物质快速增加，虽然其水质状况总体良好，但水生态系统已经具有典型富营养化湖泊的特征。因此，洱海被称为云贵高原初期富营养化湖泊（李萍，2020），处于富营养化初期阶段。虽然水体富营养化程度不高，但水生态系统恶化趋势明显，水生态系统已先于水质发生了较为严重的退化，表现为水生植被面积萎缩与群落结构简单化，藻类密度较高，且水华易发，以及局部底泥氮磷污染严重，释放风险高等（倪乐意，2018）。富营养化初期湖泊水生态系统具有敏感性、脆弱性和可逆性，同等治理强度下可收获比富营养湖泊更好的生态恢复效果，可通过污染控制和生态调控等措施促进该类湖泊生态系统的较快恢复。因此，有必要探讨高原富营养化初期湖泊水生态退化机理，并实施湖泊生态系统优化调控。

4.1 湖泊生态系统演替及退化

湖泊生态系统演替主要指由以水生植物占优势的清水态转变为以浮游植物占优势的浊水态，即从草型湖泊向藻型湖泊演替（张亚丽，2018）。湖泊富营养化导致生态系统演替，其中水生植物是湖泊生态系统的主要初级生产者，在稳定湖泊生态系统结构和功能中起决定性作用（秦伯强等，2013；高攀等，2011）。水体氮磷浓度及水生植物群落结构是影响生态系统演替的关键，当二者超出正常生态系统阈值，就会导致生态系统退化。

4.1.1 湖泊生态系统演替及波动

湖泊生态系统是指湖泊内的生物群落和其周围的无机环境一起构成的一个统一整体。群落演替是指一个群落随着时间的推移，代替另一个群落的过程。对生态系统群落演替的认识经历了一个发展的过程，最初认为群落演替是生物量积累的渐进过程，演替曲线为单调增加的渐进曲线，如图4.1曲线B。Borman和Likens

（1981）的研究提出，演替过程中生物量的积累是一个波动和下降的过程，最大生物量并非出现在稳定阶段，如图 4.1 曲线 A，生态系统演替的根本原因在于群落内部，但外界环境条件通常也被认为是演替的重要原因。

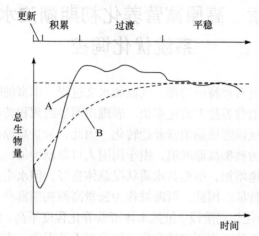

图 4.1　生态系统发展的两种模型

资料来源：白峰青. 2004. 湖泊生态系统退化机理及修复理论与技术研究.长安大学

　　除此之外，生态系统的波动也是引起群落演替的原因。波动是指生态系统被突发性的变化打断从而转变为另一种状态（李玉照等，2013）。有些生态系统发生波动时，其水体变化并不明显，且通常没有新物种的定向替换，但是随着逐年积累，生态系统的波动也会引起群落的演替，进而导致生态系统结构和功能的变化。

4.1.2　湖泊生态系统退化

　　系统反馈及弹性是影响生态系统演替的重要机制。当系统输出成为决定系统未来功能的输入时，表明生态系统具有调节其功能的反馈机制（陈晓江，2016）。反馈可分为正反馈和负反馈，正反馈会加剧系统偏差，而负反馈调控则可使系统保持稳定。系统弹性可用于描述生态系统自我调节能力，系统弹性越强，表明系统对抗外界环境输入的干扰反馈越强，但需要的注意的是，保持系统弹性是有条件的，即外界的干扰必须在系统的弹性限度内，超过限度，系统将失去对外界的反馈能力，导致系统的某些功能的丧失或者结构的破坏（卢慧斌，2015）。

　　生态系统弹性和反馈机制可用于揭示生态系统退化机理。生态系统弹性与反馈机制均强调生态系统的自我调节能力具有有限性。当各种自然因素和/或人为因素构成的外界干扰远超过生态系统的弹性限度时，生态系统的自我调节功能将会被破坏，可导致生态系统失衡，引发生态系统退化（陈晓江，2016）。退化生态系统从本质上来说是生态系统演替的一种类型，是指在自然和/或人为因素干扰下，形成的结构破坏、功能降低或丧失的一类生态系统，或是偏离自然状态的生态系统。与自然状态下的生态系统相比，退化生态系统的主要特征表现为系统的物种、群落或系统结构发生改变，生物多样性减少，生产力降低等。

现阶段，退化生态系统的直接原因可归咎于人类大规模不合理开发，生态系统退化是由干扰的强度、持续的时间和规模所决定的（程建新等，2012）。湖泊生态系统退化是在自然演替过程中受自然和/或人为干扰，水生生物群落结构破坏和功能的退化和丧失。退化湖泊生态系统表现出抗风险（包括自然风险和人为风险）能力较弱、缓冲能力不强以及敏感和脆弱性较大的特点（张楠等，2013）。湖泊生态系统退化也就是湖泊生态系统从稳态转换成低稳态的过程，或是转化为多个低层稳态并存的状态，当外界各种干扰总和大于其某一稳态阈值时，系统将会发生不同稳态之间的转化，从高稳态直接转变到低稳态，这种退化过程可能是突变的，也可能是缓慢的（张楠等，2013）。湖泊生态系统退化的形式多样，主要表现形式包括有富营养化、湖滨湿地退化和生物资源多样性丧失等。

4.1.3　富营养化初期湖泊生态系统演替及退化特征

富营养化初期湖泊水体氮磷含量高于正常水体，引起浮游生物大量繁殖，水体溶解氧含量下降，水化学平衡被打破，造成特定水生生物的生物量明显减少或增加。这种生物种类演替直接导致水生态系统的稳定性和多样性降低，破坏生态系统结构和功能。富营养化初期湖泊已经从清水态向浊水态转变，本节以典型富营养化初期湖泊洱海为例，介绍富营养化初期湖泊生态系统演替及退化特征。

洱海作为典型富营养化初期湖泊，其生态系统退化明显。富营养化导致洱海生态系统结构和功能退化，蓝藻水华频繁暴发。研究表明，富营养化过程中，湖泊生态系统持续发生变化，而不是简单地由草型湖泊向藻型湖泊转变。生态系统退化时随即会带来一系列影响，洱海的具体表现为大型沉水植物减少、土著鱼类濒危或消失以及水生态系统结构改变进入"草-藻"稳态共存状态。

洱海沉水植被群落结构呈现简单化趋势，多样性降低，并向顶级群落发展。随洱海水生态退化加剧，水生植物经历了多阶段变化过程，从原生群落演变到多优势群落，发展到单优势群落；植物种类从贫营养型过渡到中-富营养型沉水植物。外来鱼种的引进及大量繁殖导致洱海土著鱼类逐渐灭绝，造成鱼类群落结构变化的原因有很多，包括盲目引种、过度捕捞以及洱海水位的急剧变化和盲目开发引起的鱼类生境破坏。为提高鱼产量，洱海开始从长江流域引进个体大、生长快的四大家鱼，同时将长江中下游水体中的小型野杂鱼类也带入了洱海，鱼类种类增加到 30 种。从而导致洱海土著和特有鱼类食物和空间生态位大大缩小，种群数量急剧下降，一些洱海特有的土著鱼类甚至灭绝。

近 30 年以来，洱海藻类及叶绿素含量也发生了明显改变。中国科学院水生生物研究所等单位在开展国家水专项研究中指出洱海生态系统由草型清水态向草藻共存状态转变，水体透明度明显降低。洱海沉水植被与藻类存在此消彼长的竞争关系。水专项结合湖泊生态系统演替及退化生态系统形成理论，初步揭示了洱海的退化机理及优化调控关键参数，对高原富营养化初期湖泊生态退化形成了新的认识。

4.2 高原富营养化初期湖泊水生态退化机理及优化调控关键参数

水生态退化是湖泊生态系统演变过程的一种表现，是生态系统内部发生紊乱，导致系统处于一种不稳定或者失衡的状态（王志强等，2017），从而丧失了生态系统本身的调节功能。水专项洱海湖泊生境改善关键技术与工程示范课题（2012ZX07105-004）在对洱海水生态系统充分调研基础上，结合实验研究，综合分析洱海水生态退化问题，揭示水生态退化机理及制约因素；确定了限制洱海水生植被分布的三大主要生境影响因子，明确了高原富营养化初期湖泊水生态优化调控关键参数。

4.2.1 高原富营养化初期湖泊水生态退化机理

高原富营养化初期湖泊洱海水生态退化主要表现为沉水植被面积骤减，生态系统功能下降，土著鱼类濒危或消失，外来鱼类资源增长，水生态系统结构变化，生态系统稳定性减弱，处于"草-藻"共存状态。

沉水植被面积骤减，生态系统调节功能下降。水专项洱海湖泊生境改善关键技术与工程示范课题（2012ZX07105-004）调查显示，目前洱海沉水植被分布面积仅约5%，沉水植被对于湖泊生态系统的反馈、调控和稳定等系列生态学功能难以实现，不利于生态系统的稳定与恢复。沉水植被退化是洱海生态系统退化和水体富营养化的重要表现，也是目前洱海治理急需解决的重要问题。水专项通过大量的现场调查、实验室模拟等手段，总结和分析了洱海历年的水质、水位以及沉水植被的分布等数据和资料，探究了洱海沉水植被退化的原因。发现光补偿深度不足及种子库恢复潜力较低是洱海沉水植被退化的重要原因。

土著鱼类濒危或消失，外来鱼类资源增长，对水生态系统产生显著影响。从20世纪50年代至今，洱海鱼类群落结构发生了巨大变化，土著鱼类逐渐减少或濒临灭绝，外来鱼类种类数量持续增加。水专项洱海湖泊生境改善关键技术与工程示范课题（2012ZX07105-004）在2009~2010年度5~8月、11月和次年4月分三次开展了渔获物调查，共发现鱼类27种，其中土著鱼类仅5种，外来鱼类超过20种（李堃，2006），达到22种。渔业捕捞结果表明，与过去鱼产量主要以土著鱼类为主不同，现阶段洱海的渔业格局主要以外来引入鱼类（银鱼）和人工投放鱼类（四大家鱼等）为主。浮游动物食性的引种银鱼对大型浮游动物的强烈选择摄食，对洱海大型浮游动物形成了巨大的捕食压力，从而使洱海浮游动物群落趋向于小型化与结构简单化，削弱了洱海水体自身浮游动物对藻类的控制能力。目前洱海的鱼类结构对藻类控制作用大大下降，不利于洱海藻类水华的控制和水质改善。由此可见，洱海鱼类结构变化也加剧了生态系统的退化。

洱海处于"草-藻"稳态共存状态，生态系统稳定性大幅下降。外源负荷大量输入和水生植被退化均会导致洱海水体藻类数量增加，蓝藻作为洱海藻类的重要组成部分，其占比也呈现增加态势，上述因素的叠加致使洱海水华风险持续增加。洱海全湖浮游植物密度和生物量近年来总体表现为增加趋势。80 年代以来，洱海浮游藻类的群落结构变化显著：与 40 年前相比，藻类的多样性减少，优势种相对单一，浮游植物群落已转变为以蓝藻为优势种的群落结构（图 4.2）。

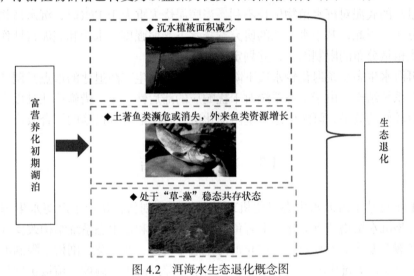

图 4.2　洱海水生态退化概念图

综上分析，由于人类活动如入湖负荷增加、水位变化及鱼类放养等干扰作用，洱海生态系统稳定性较差，水质呈现下降趋势，水生植物退化严重，鱼类资源及结构呈现我国长江中下游地区富营养化湖泊的典型特征。因此，洱海水生生物群落结构受人类活动影响，已先于水质发生了较大变化。

4.2.2　高原富营养化初期湖泊水生态系统优化调控关键参数

水专项洱海湖泊生境改善关键技术与工程示范课题（ 2012ZX07105-004 ）在对洱海水生态系统充分调研基础上，确定了水下光照强度、水深和底泥特性为限制洱海水生植被分布的主要生境因子。除此之外，研究揭示了沉水植被与藻类的生消竞争关系，通过计算分析并确定了洱海草藻优势转化阈值，实现了对高原富营养化初期湖泊水生态系统优化调控关键参数的创新认识。

　　研究发现洱海水生植被分布主要受水下光照强度、水深和底泥特性这三个限制因子影响。在对这三个限制因子的阈值研究发现：①洱海沉水植被生物量（按单位体积计）与湖底光照强度呈现显著正相关关系；设定湖面相对光照强度为100%，湖底相对光照强度接近0.75%时，沉水植被生物量接近于零。基于此，确定了洱海沉水植被最低光照需求阈值为水面光强的0.75%。②水深与单位面积生物量之间的相关关系可用单峰曲线表征。洱海年均透明度按1.9 m计，水深为2～2.5 m时，生物量可达到最大值；水深增加到4.5～5.0 m时，沉水植被只有少量分布。③底泥可以影响沉水植物的生长及生理特性，水专项对洱海北部湖湾沉水植被分布区的底泥性状开展的研究表明，底泥烧失重在12%时沉水植被的生物量最大，此后随底泥烧失重的增加，其对应的最大生物量下降，表明过于松软和有机质含量高的底泥对沉水植物生长不利。当底泥烧失重大于17%时，沉水植物只有零星分布。因此，基于水专项的研究选择水下光照强度、水深和底泥特性作为洱海水生植被分布的限制因子，并划定了其阈值。

　　洱海水生态系统退化较水质下降更严重，其水生态防退化的重点是调整和优化生态系统结构。由于生态系统对干扰响应的滞后性，单一措施往往难以在短期内获得较好的效果，洱海生态系统防退化应综合考虑多种措施的综合效应。

4.3　本章小结

　　本章总结了洱海水生态退化机理及调控原理创新，认识了洱海水生态特征为：大型沉水植物严重退化、土著鱼类濒危或消失和水生态系统结构改变并已进入"草-藻"稳态共存状态。为防止洱海生态系统进一步退化，剖析了限制洱海水生植被分布的关键生境因子；水专项提出了涵盖洱海水位调控、植被扩增与群落优化、鱼类调控等内容的洱海水生态系统防退化及优化调控技术思路。

第5章 长江中下游湖泊生态退化机制及修复途径

长江中下游地区是我国淡水湖泊主要分布区域,拥有面积大于 1 km² 的湖泊 651 个,大于 100 km² 的湖泊 18 个(秦伯强,2002)。该区域湖泊具有河网水系发达、人类活动干扰强度大、水深较浅、湖滨湿地丰富等特点。湖泊富营养化与蓝藻水华、江湖阻隔、生态空间被侵占、水生态退化等问题突出,严重影响了流域和区域生态环境质量。本章基于水专项成果,并综合长江中下游湖泊相关文献资料,解析了长江中下游湖泊生态系统面临的主要问题,探究了长江中下游湖泊生态系统退化机理,提出了长江中下游湖泊生态修复对策和建议。

5.1 长江中下游湖泊主要生态环境问题

近 50 年来伴随流域人口扩张和经济快速发展,人为活动导致我国长江中下游主要湖泊面临严峻的生态环境退化问题,主要包括 3 个方面:①富营养化程度居高不下,蓝藻水华规模未得到有效遏制。近 10 年来,大型湖泊水质总体改善明显,太湖、巢湖蓝藻水华呈现发生时间提前和结束时间延后的趋势。叶绿素浓度高,透明度低,是造成水质好转但富营养化程度居高不下的主要原因。②湖泊生态空间被大量侵占、江湖阻隔问题严重。江湖阻隔引起洄游通道堵塞和流水生境丧失,致使生境破碎化,降低了生境异质性,加上过度捕捞压力,导致湖泊洄游和半洄游性鱼类大幅减少,食物网结构简单化及生物多样性降低等重要问题。③水生植被退化严重,食物网结构简单化。水生植被退化严重,表现为生物量锐减、覆盖度低、种类少、群落结构单一、多样性低。物种多样性下降,食物网结构简单化,湖泊生态系统呈现以藻类为优势的浊水态。

5.1.1 水质改善虽初见成效,但规模蓝藻水华尚未得到有效遏制

1. 湖泊水质改善初见成效,但营养水平仍处在高位

近 10 年,我国大型湖泊投入大量资金治理,主要污染浓度呈下降趋势。2019 年,太湖和巢湖水质均为Ⅳ类,太湖总磷、总氮、氨氮和高锰酸盐指数分别为 0.081 mg/L、1.31 mg/L、0.13 mg/L 和 3.9 mg/L(数据来源于江苏省环境监测中心

站），与 2009 年相比，总氮下降 43%，氨氮下降 61%，高锰酸盐指数下降 5%；巢湖 2019 年总磷、总氮、氨氮、高锰酸盐指数浓度分别为 0.078 mg/L、1.18 mg/L、0.17 mg/L 和 14.18 mg/L（数据来源于巢湖市环境保护监测站），与 2009 年相比分别下降了 24%、30%、69% 和 52%。中国两个最大的淡水湖鄱阳湖和洞庭湖水质也有明显改善，鄱阳湖 2019 年总磷、氨氮、高锰酸盐指数浓度分别为 0.063 mg/L、0.15 mg/L 和 10.25 mg/L，相对 2009 年分别下降了 36%，31% 和 14%。洞庭湖 2019 年总磷、总氮、氨氮浓度分别为 0.070 mg/L、1.65 mg/L，0.13 mg/L 和 8.57 mg/L，相对 2009 年分别下降了 36%，1% 和 61%。

"十二五"水专项对东部平原 106 个湖泊调查显示，与 2015 年前相比，长江中下游湖泊平均 TN 浓度变化不大，平均 TP 下降了 26.7%，水质呈好转趋势。然而，水体平均透明度下降了 40%，主要是叶绿素浓度大幅升高所致。近 10 年长江中下游湖泊平均叶绿素浓度升高了 2 倍；太湖近 10 年富营养化指数增高的关键指标是浮游植物生物量，而非营养盐指标（朱广伟等，2019）。根据生态环境部发布的《中国生态环境状态公报》，长江中下游主要湖泊的富营养化状态未得到遏制，从 2003 年到 2019 年，太湖、洪泽湖、巢湖、鄱阳湖、西湖、洞庭湖 6 个重点湖泊的综合营养状态指数无显著变化（图 5.1）。

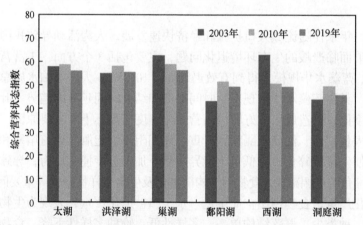

图 5.1　长江中游地区主要湖泊综合营养状态指数变化（2003～2019 年）

2. 主要湖泊规模蓝藻水华未得到有效遏制

根据 1990～2016 年 27 年的遥感数据，长江中下游面积大于 50 km² 的 30 个湖泊都有蓝藻水华，且 60% 以上的湖泊蓝藻水华发生范围和频次有增大趋势，太湖、巢湖和鄱阳湖水华发生面积和频率呈增大趋势（图 5.2）（Zong et al., 2019）。2017 年太湖出现了有记载以来最大面积的水华，达到 1490 km²（朱伟等，2019）。虽然近 10 年太湖和巢湖水质总体呈改善趋势，但规模化水华未得到有效遏制。生态环境部卫星中心等多个研究团队遥感也表明近 20 多年太湖、巢湖蓝藻水华呈现发生时间提前和结束时间延后的趋势。鄱阳湖蓝藻水华发生面积和发生频率也在增加；洞庭湖蓝藻数量在 2008～2015 年迅速上升，东洞庭湖的湖湾区蓝藻数量开始增多、水华持续时间较长（熊剑等，2016），尤其在 2003～2005 年、2008 年和 2013 年，基本常年都有水华存在（薛云等，2015）。

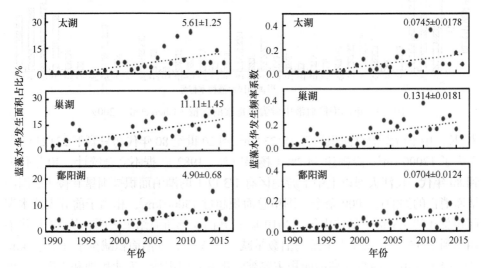

图 5.2　1990～2016 年太湖、巢湖、鄱阳湖蓝藻水华的发生面积和发生频率
变化趋势（Zong et al.，2019）

3. 蓝藻水华引发的水污染及饮用水安全问题不容小视

蓝藻水华会导致水体藻毒素超标，并产生水体异味。2007 年夏季，太湖贡湖湾蓝藻水华及湖泛就导致无锡南泉水厂饮用水产生了强烈的异味，2008 年 6 月饮用水进水及黑水团两次异味物质二甲基三硫醚（DMTS）含量高达 11.4 μg/L 和 1.77 μg/L，水体异味致使 200 多万市民的饮用水中断。水华蓝藻产生的藻毒素问题也备受关注，长期（5～10 年）饮用未经处理的巢湖水的专业渔民，日摄入微囊藻毒素当量在 2.2～3.9 μg，接近或超过了世界卫生组织确定的日容许摄入量（2.4 μg），血液中普遍检测出毒素，并发现个体的实质性肝损伤（图 5.3）（Chen et al.，2009）。由于蓝藻水华问题，太湖水厂应急除藻设施已常态化运行，合肥市在巢湖的大部分水厂已经停用。

5.1.2　湖泊生态空间被大量侵占，江湖阻隔问题严重

1. 围垦和侵占引起长江中下游生态空间被侵占和破坏

近几十年来湖泊被大量围垦和侵占，造成湖泊面积急剧减少。20 世纪 40 年代

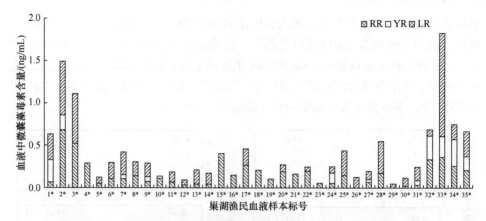

图 5.3 巢湖渔民血液中微囊藻毒素的含量（Chen et al., 2009）

末,长江中下游湖泊总面积约为 35123 km²,到 20 世纪 80 年代初只剩下 23123 km²,消失了 12000 km²,降幅达 34.2%（杨锡臣等,1982）。据不完全统计,40 年代末到 80 年代,长江大通以上中下游地区有 1/3 以上的湖泊面积被围垦和侵占,因围垦而消亡的湖泊达 1000 余个,围垦总面积超过 13000 km²,相当于前五大淡水湖面积总和的 1.3 倍（杨桂山等,2010）。最新的遥感研究结果表明,从 80 年代中期年到 2015 年,长江中下游湖泊数量减少了 3 个,湖泊面积减少了 1221.5 km²（图 5.4）,其中,减少的湖泊面积主要被转化成农田用地、渔业用地和水库、城市用地等（图 5.5）（Tao et al., 2020）。围垦是造成 2010 年前长江中下游湖泊面积减少的主要原因。

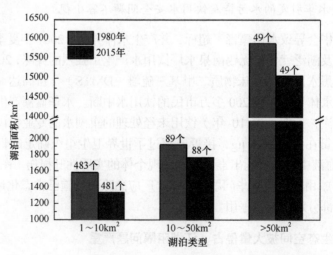

图 5.4 长江中下游地区 80 年代中期至 2015 年湖泊数量和湖泊
面积的变化（Tao et al., 2020）

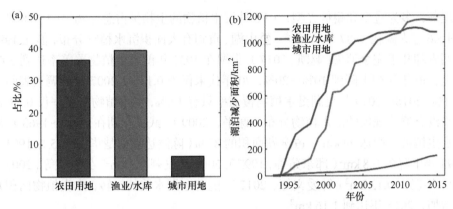

图 5.5　长江中下游减少的湖泊面积转化成的主要土地利用类型（Tao et al., 2020）
（a）减少的湖泊面积转换成的土地利用类型；（b）面积随时间变化减少

2. 江河阻隔导致洄游和半洄游鱼类比例大幅下降

长江中下游地区曾经湖泊密布，均与长江自然连通，形成了独特的泛滥平原河湖复合生态系统。为了防洪、供水、灌溉和航运等，在 1950～1970 年间大建湖泊节制闸，目前仅剩洞庭湖、鄱阳湖和石臼湖 3 个通江湖泊（常剑波和曹文宣，1999）。然而湖泊节制闸建设导致江湖阻隔，引起洄游通道堵塞和流水生境丧失，致使生境破碎化，降低了生境异质性，加上过度捕捞压力，导致湖泊洄游和半洄游性鱼类大幅减少。研究表明，江湖阻隔导致长江泛滥平原的湖泊中鱼类总种数减少 38.1%，江海洄游型鱼类减少 87.5%，河流定居型鱼类减少 71.7%，江湖洄游型鱼类减少 40.6%，湖泊定居型鱼类减少 25.4%。如巢湖鲢鱼、鳙鱼等洄游半洄游性鱼类由 1952 年的 38.3% 下降到 2002 年的 2.6%。

5.1.3　水生植被退化严重，食物网结构简单化

1. 水生植被面积减少，多样性降低

水生植被是维持湖泊生态系统健康的重要基石，研究表明当沉水植物覆盖度超过 30% 时，湖泊能长期维持清水态（De Backer et al., 2012）。根据"十二五"水专项课题 2013 年对长江中下游 100 个面积大于 1 km^2 湖泊的调查，沉水植物覆盖率大于 60% 的湖泊仅 2 个，覆盖率 30%～60% 之间的湖泊有 5 个，覆盖率 10%～30% 之间的湖泊有 11 个，覆盖率小于 10% 的湖泊 82 个（其中有 42 个湖泊未发现沉水植物）（图 5.6）。根据研究（袁冬海等，2016），我国清水稳态湖泊中，沉水植物平均生物量 >3000 g/m^2。然而，长江中下游湖泊由于水生植物退化严重，沉水植物平均生物量仅 383 g/m^2，大于 500 g/m^2 的湖泊仅 12 个。而且，水生植物多样性低，常见沉水植物多为微齿眼子菜、苦草、马来眼子菜、轮叶黑藻、金鱼藻和

狐尾藻，多为冠型和耐低光型，该 6 种沉水植物的生物量占总生物量的 95% 以上（图 5.6）。太湖在 1987 年梅梁湾、竺山湖、贡湖有大面积沉水植物分布，但在 1996 年调查却几乎完全消失（赵凯，2017）。巢湖在 1931 年前水生植物覆盖率达到 30% 以上，50 年代初下降到 10%～20%，70 年代末仅为 0.14%，2007 年的调查表明不足 1%，2018～2019 年巢湖挺水植物覆盖率只有 1.6%，沉水植物覆盖率仅 0.53%，几乎没有群落规模的沉水植物分布（谢平，2009）。武汉东湖在 1962～1963 年调查水生植被面积达 24 km^2，占全湖面积的 83%（陈洪达和何楚华，1975）；1991～1993 年下降到 0.8 km^2（邱东茹等，1997），2001 年仅剩 0.2 km^2（吴振斌等，2003），2014 年仅为 0.13 km^2（钟爱文等，2017）；随着东湖水质的好转，水生植物面积开始增加，2016 年达到 1.16 km^2。

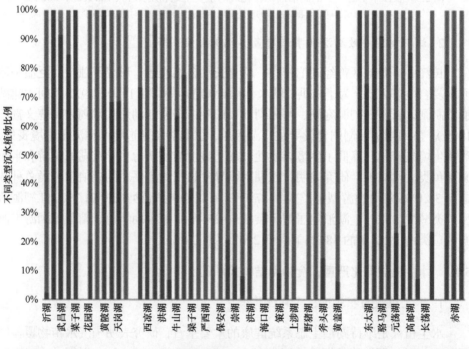

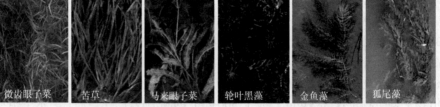

图 5.6　长江中下游湖泊水生植物生物量分布、沉水植物的比例及主要种类
资料来源：东部浅水湖泊营养物基准标准及太湖达标应用研究（2012ZX07101-002）

2. 鱼类多样性下降, 食物网结构简单化

根据"十二五"水专项课题"东部浅水湖泊营养物基准标准及太湖达标应用研究"对湖南、湖北、江西、安徽和江苏五省 100 个湖泊渔业调查, 不同湖泊类型渔业结构组成特征见图 5.7。其中闸控中小型湖泊多为人工放养的渔业模式, 鲢、鳙和草食性鱼类是主要放养类型, 分别占了总渔业的 34.11%、35.91% 和 22.5%, 高强度放养导致鱼类结构简单化。例如武汉东湖, 自 20 世纪 70 年代后, 鱼类群落多样性下降, 人工放养鲢鳙占总鱼产量的 90% 以上, 而其他洄游和半洄游性鱼类逐渐绝迹。

太湖、巢湖闸控大型湖泊主要为天然捕捞模式, 多年来, 湖泊鱼类产量大幅增加, 但结构退化突出。太湖鱼产量在 1952~2006 年期间增加了 9 倍多, 但定居性鱼类比例大幅增加, 洄游性鱼类比例大幅减少。湖鲚等定居性鱼类渔获量比例从 1952 年的 15.8% 上升到 2006 年 60.2%; 而鲢鳙、鲌、鲤鲫、青草鱼和其他鱼类在渔获物中的比例分别下降了 53%、85%、51%、7% 和 45%。2009 年后鱼类放流数量增加, 大中型鱼类的比重增长, 鲢、鳙比例从 2006 年的 7.4% 增高至 2016 年的 36.9%, 湖鲚的比例降至 37.8%(谷孝鸿等, 2019)。此外, 80 年代围网养鱼和 90 年代养蟹(何俊等, 2009)加剧了鱼类群落的衰退, 虽然近年来取消了围网养殖, 但其对鱼类结构仍有深远的影响。

巢湖近 30 年来渔获量大幅增加, 但鱼类小型化、低龄化和结构简单化问题突出。巢湖在 20 世纪 80 年代小型鱼类(湖鲚、银鱼)产量大幅增加, 而较大型的翘嘴鲌、鲤等增长缓慢。1952 年, 江湖洄游的鲢鳙(大型鱼类)曾占到鱼类总产量的 38.3%, 1982 年下降到 6.1%, 2002 年进一步下降到 2.6%(过龙根等, 2007)。"十二五"水专项调查显示, 巢湖底栖动物资源持续衰竭, 螺、蚌仅零星分布于湖的西南部。

大型通江湖泊洞庭湖和鄱阳湖, 由于生境丧失、天然苗种资源衰退和过度捕捞等原因, 鱼类资源量和多样性较 70 年代明显下降, 洄游鱼类种类数减少, 定居性鱼类比例增加。洞庭湖 2004 年鱼类种类数比 1974 年减少 33.7%, 过去常见种鳗鲡、胭脂鱼、长颌鲚、鳡等消失; 洄游性鱼类减少 47.1%, 优势种从过去以鲤、鲫、青鱼、草鱼、鲢、鳙、鲇等为主变成目前以鲤、鲫为主, 且 82.4% 优势种为湖泊定居鱼类(茹辉军等, 2008)。

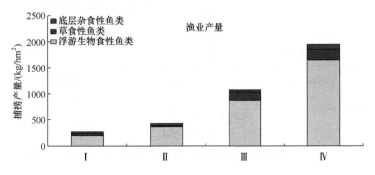

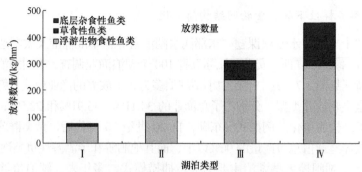

图 5.7　长江中下游不同湖泊类型渔业结构组成特征

（Ⅰ、Ⅱ、Ⅲ、Ⅳ型分别代表湖泊健康等级为优、良、中、差）

资料来源：东部浅水湖泊营养物基准标准及太湖达标应用研究（2012ZX07101-002）

5.2　长江中下游湖泊生态退化机理

长江中下游湖泊生态系统退化，突出表现在大型沉水植物衰退和蓝藻水华加剧，其主要原因不仅是富营养化，生态空间萎缩、江湖阻隔、水位自然节律的变化等共同导致湖泊生物群落和食物网结构发生了变化，生态系统趋于单一化和同质化，最终导致生态系统失衡，形成了以藻类为优势的浊水稳态。

古湖沼学研究表明，长江中下游湖泊的生态系统失衡普遍经历了两个关键点，退化机理也不同（图 5.8）（Zhang et al.，2018），第一阶段（20 世纪 50～60 年

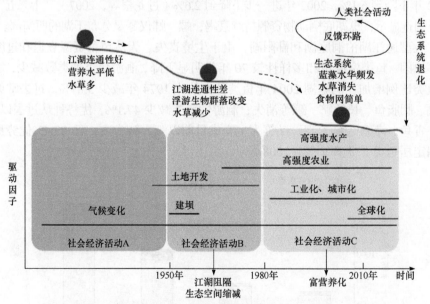

图 5.8　长江中下游湖泊生态系统失衡的关键点（Zhang et al.，2018）

代），生态系统结构主要受水文驱动影响，在此阶段生态系统失衡的关键点表现在：水体连通性差、浮游生物群落结构发生变化、水草减少；第二阶段（20 世纪80～90 年代），在水位未改善的情况下，又面临持续的营养富集，导致生态系统结构调整并引起突变，发生临界转换，生态系统失衡的关键点表现在：蓝藻水华频发、沉水植物几乎消失、食物网结构简单化。第一阶段湖泊生态系统可随驱动力下降，逐步恢复到原有状态；而第二阶段具有灾变特征，转换之后极难恢复，需通过更强烈人工干预实现。然而，目前引起湖泊生态系统失衡的外力驱动因子在持续发挥效应，对湖泊生态系统结构和功能退化的影响机制主要有以下三方面。

5.2.1　江湖阻隔和水位自然节律改变导致食物链缩短及食物网简单化

1. 江湖阻隔破坏了水生生物群落结构

江湖阻隔将江湖完整的生态系统割裂开，生境破碎化，生境完整性受损。江湖阻隔扰乱了自然水流体制，导致湖泊物种多样性下降，生物群落结构发生根本改变。其造成的生态学综合效应主要有：①生物多样性下降。江湖阻隔导致鱼类洄游通道受阻，天然鱼苗资源枯竭，鱼类物种多样性下降；江湖阻隔导致湖内水文等生境特征同质化，大型植物和底栖动物多样性下降（图 5.9）（王洪铸等，2019）。②加速富营养化。江湖阻隔使湖泊沼泽化和富营养化呈加速趋势，沼泽植物由浅水区向深水区挺进，生物量和分布区域不断扩大，各种水生生物的残体积存湖底，形成富含有机质的淤泥，加重内源负荷。③放大了营养盐对藻类生长的促进效应。江湖阻隔导致江湖交换能力变弱，水体自净能力下降及滞留时间增长，放大了入湖营养盐负荷的藻类生长促进效应，水华风险增大。江湖阻隔后渔业资源枯竭，滤食性鱼类减少，水生植被退化，促进了藻类生长。如巢湖闸的修建导致了江湖

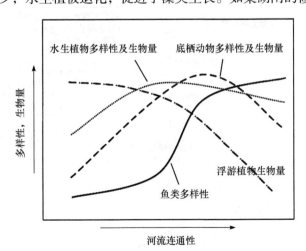

图 5.9　水文连通性与不同生态类群的关系（王洪铸等，2019）

洄游鱼类在巢湖中的迅速衰退，而湖泊富营养化则加剧了定居型浮游生物食性鱼类资源量的增加。江湖洄游的食浮游生物鱼类——鲢、鳙的衰退也为湖鲚和银鱼腾出了生态位。目前巢湖底栖动物资源持续衰竭，螺、蚌仅零星分布于湖的西南部。太湖中江湖洄游鱼类的资源量大幅衰退，而以浮游动物为食的定居型鱼类——湖鲚的资源量则大幅攀升，这与富营养化带来的浮游生物的繁荣相吻合。

2. 水位高低和水文节律变化是导致水生植被退化的关键因子

江湖阻隔型湖泊往往冬季维持高水位，湖泊生态空间过度侵占也会导致夏季高水位；冬春季维持高水位，底部光照减弱，阻碍了水生植物的萌发与生长；夏季高水位则容易导致水生植物因洪水而死亡。大型通江湖泊江湖关系变化导致陆生植物侵占水生植物的生存空间，损害湖泊生态空间容量和质量，导致水生植物严重退化。通江湖泊和非通江湖泊水生植被呈现不同的演替和退化机制。

根据"十二五"水专项课题的调查成果，结合湖泊生态系统稳态转换理论（Scheffer et al., 2001），长江中下游浅水湖泊沉水植物衰退模式及其与湖泊生态系统受损的关系如图5.10。长江中下游湖泊富营养化程度总体较高，浮游植物总体生物较高，加上浅水湖泊的风浪再悬浮作用，水体无机颗粒总体含量较高。较高的浮游植物或较高的矿物颗粒导致水体透明度较低。较低的透明度导致沉水植物对水位波动的影响变得非常敏感，冬春高水位使水生植物群落由低位生长的底栖型沉水植物向高位生长的冠层型沉水植物和浮叶植物演替，最后向浮游植物为主演替，进一步导致水体透明度降低。

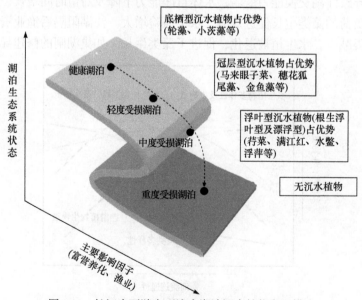

图 5.10　长江中下游大型浅水湖泊沉水植物衰退模式

　　水位高低及水位节律主要影响水生植物生长及其种群间竞争关系，水位波动型式影响湖泊中水生植物分布格局，水位波动幅度影响水生植物物种多样性，水位高低、变化速率、发生时机及持续时间等各水位波动参数分别在植物不同生活史阶段对植物的萌发、生长和繁殖产生影响（图 5.11）（袁赛波等，2019）。此外，水位波动的幅度、淹没深度、高水位持续时间等对湖泊滨岸带底质有较大的影响，在中等波动幅度下，湖滨带底质环境参数变化最大，底质异质性较大（丁庆章等，2014）。

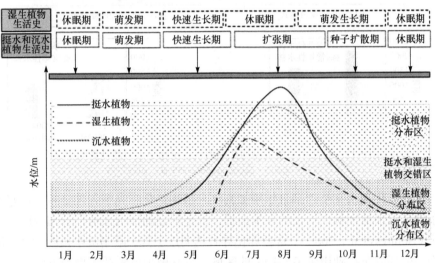

图 5.11　长江中下游湖泊不同生活型植物的水位波动需求模式（袁赛波等，2019）

　　长江中下游大型通江湖泊（洞庭湖、鄱阳湖）受江湖关系影响较大，水位高低及水位节律变化对通江湖泊影响则更大。水位节律变化造成不同高程淹水时间变化，水沙输入输出变化造成湖盆泥沙淤积冲刷格局发生变化。不同高程淹水时间变化和湖盆泥沙淤积冲刷格局对洞庭湖和鄱阳湖水生植物演替带来深刻影响，呈现不同的演替模式（图 5.12）（引自洞庭湖植被调查研究队，1983）。洞庭湖水位波动幅度的降低，导致湿地植被向偏陆生型植被进行演替，典型沉水植被如黑藻群落、眼子菜群落等基本消失；鄱阳湖季节性水文节律发生显著改变，表现为开放水体面积减小而滩地（季节性）面积增加，而植被面积维持稳定。水生植被、稀疏草滩、苔草植被区、芦苇植被区面积都在稳定区间内波动，原有适应季节性水淹过程的苔草群落部分被相对适应旱生的芦苇群落所替代，但仍然是湿地优势种。沉水植物群落马来眼子菜也逐步被适应长期沉水的苔草所替代。此外，不同于江湖阻隔的湖泊，通江湖泊的富营养化发生时间相对较晚，并受到三峡大坝工程运行的显著影响，出入湖径流量和输沙量发生明显变化，直接影响湖泊换水周期和湖泊富营养化趋势，导致与阻隔湖泊不同的水生植物演替趋势。

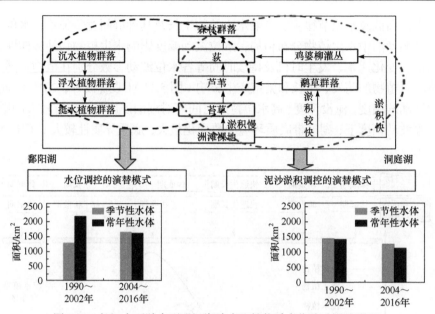

图 5.12　长江中下游大型通江湖泊水生植物受水位波动影响明显
资料来源：洞庭湖植被调查研究队，1983

　　富营养化和水文节律耦合作用加剧沉水植物退化和光照条件变差。良好的光照条件是沉水植物赖以生长的基本前提，也是限制湖泊沉水植物分布深度的主要因子（Squires et al.，2002）。富营养化导致透明度下降，限制沉水植物发展。沉水植物一般都分布在湖岸带 0～4 m 的区域，只有极少数耐低光物种可分布到 6 m 以上的深水区域（Middelboe and Markager，2010）。水下光照条件对长江中下游水生植物群落结构和丰度影响较大，是引起水生植物退化的最主要原因。

　　另一方面，水位上升不仅直接造成水下光强降低，还通过加速草型生境恶化和水生植被退化，进一步加剧底层光的缺乏。水生植被退化降低了其对底泥的固化作用，降低了氧化还原电位，加剧了水域沉积物再悬浮和氮磷等释放，沉积物再悬浮进而造成水体透明度的显著降低，氮磷释放则加剧湖泊富营养化并进一步降低透明度。水位上升会显著造成透明度与水位（水深）的比值显著降低，太湖草型湖区 1998～2019 年透明度与水位（水深）的比值降低了 43.5%，导致湖泊底部可利用光显著下降（张运林等，2020）。

5.2.2　生态空间受损及被侵占等导致生态系统结构和功能退化

1. 生态空间被侵占大大降低了湖滨湿地生态功能

　　湖滨生态空间被侵占或受损是湖泊最为突出的问题，许多湖泊的湖滨带被村镇和农田侵占，自然岸线被硬质堤岸所取代，大面积的陆向湖滨带变为不透水的地面，湖滨退化甚至消失。湖泊缓冲带、湖滨交错带、湖湾等是湖泊生物多样性最为丰富的区域，是湖泊水生生物最为重要的栖息地，湖滨生态空间被侵占或受损会造成栖息地破坏，影响湖泊生态系统多样性和完整性。另一方面，由于湖滨植被带是陆域径流入湖最重要的净化带，也是抑制湖滨底泥再悬浮和氮磷释放的重要功能区，湖滨生态空间被侵占或受损严重降低了湖滨带拦截外源污染和消减内源负荷的能力，导致湖滨生态功能大幅降低。因此，湖滨生态空间被侵占使其栖息地功能和污染负荷削减功能严重受损。

湖泊面积是度量湖泊生态系统大小的一个非常重要的指标，其大小影响生物链长度，一般认为，在较大的生态系统中，食物链更加多样化，允许更多物种的食性专门化，随着栖息地多样性的增加，物种多样性增加，捕食者-被捕食者之间的相互关系稳定系增强。研究表明，长江中下游湖泊面积在 $0.1 \sim 10\,km^2$ 以内时，湖泊鱼类群落的平均营养级位置和底栖比例随着湖泊面积的增加而增加，鱼类平均营养级位置在 $2.84 \sim 3.1$ 之间波动，底栖比例随着湖泊面积增加而增加，从 $54.5 \sim 67.2\%$ 之间变化，湖泊面积超过 $10\,km^2$ 后，在 67.2% 左右波动。因此，维持湖泊的面积和生态空间，对维持长江中下游面积小于 $10\,km^2$ 湖泊的食物网结构复杂性具有重要的意义。对于面积大于 $10\,km^2$ 的湖泊，食物网结构与功能主要受养殖、捕捞、富营养化等因素的影响（张欢等，2012）。

2. 干支流水库群建设和运行缩减了通江湖泊生态空间，导致部分湿地生态系统向陆生系统演替

长江干支流水库群建设和运行进一步造成中下游通江的洞庭湖、鄱阳湖面积发生变化，洞庭湖和鄱阳湖在三峡水库建设后多年平均水面面积（$2003 \sim 2016$ 年：$914\,km^2 \pm 112\,km^2$ 和 $1380\,km^2 \pm 274\,km^2$）显著低于三峡水库运行前（$1956 \sim 2002$ 年：$1025\,km^2 \pm 135\,km^2$ 和 $1648\,km^2 \pm 179\,km^2$），致使洞庭湖和鄱阳湖在 $2008 \sim 2016$ 年间生态空间容量分别缩减了 12.2% 和 15.8%，从而加剧湖泊干旱的发生，进而导致洞庭湖和鄱阳湖部分湿地植被生态系统向陆生系统演替，破坏珍稀候鸟湿物种栖息地的生态健康和生态系统的多样性与完整性（张运林等，2019），损害湖泊生态系统的栖息地功能。

5.2.3　不合理的渔业活动加剧食物网结构简单化及水生植被退化，共同加重蓝藻水华暴发

1. 不合理渔业活动及其营养级联效应导致加剧了食物网结构简单化

江湖阻隔和湖滨生态空间被侵占等使鱼类生境破碎化和栖息地受损，导致鱼类群落退化，而水产养殖、过度捕捞等不合理的渔业活动则直接对鱼类种群结构产生重大的影响，如小型闸控湖泊大量渔业养殖导致鱼类结构简单化；过度捕捞

导致渔业资源的枯竭。我国湖泊渔业结构简单化及其营养级联效应导致食物网结构简单化，并对水体中的浮游动物、水生植物、营养盐、叶绿素浓度及透明度，均造成严重的影响（图 5.13）。

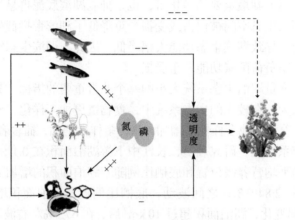

图 5.13 渔业活动产生的营养级联效应

1）不合理渔业活动促进沉水植物退化，驱动湖泊由清水态转变为浊水态

首先，一些底栖型鲤科鱼类、蟹类等的放养会促使底泥频繁的再悬浮，导致水体透明度下降以及大量的内源性营养盐释放，引起水生植物退化。中国在过去的几十年中渔业模式由最初始的自然捕捞发展为后来的放养增殖甚至是集约化养殖。湖泊和水库的平均渔获量由 19 世纪 50 年代的 75～135 kg/hm²（刘建康等，1995）增长到 2009 年的 1545.7 kg/hm²（Jia et al.，2013）。其次，草食性鱼类大量放养是我国很多湖泊水生植被减少的主要原因之一，并由此导致草型湖泊向藻型湖泊演替，加速水体富营养化进程（毛志刚等，2011）。在武汉东湖，大型水生植物群落在 1972 年放养鱼类之后发生巨大变化，主要是一些鱼类喜欢牧食的种类如微齿眼子菜快速退化。再次，渔业活动剧烈地改变了鱼类的群落结构，使得滤食性鱼类比例升高和凶猛性鱼类比例降低，而凶猛性鱼类的下行效应被认为是控制浮游植物最为有效的机制之一（With and Wright，1984）。由此可见，不合理的鱼类的放养活动可能是湖泊由清水态转变为浊水态的重要因素之一。

2）鱼产量增加和蓝藻水华频发促进了浮游动物小型化，削弱其控藻能力

鱼产量和蓝藻是影响浮游动物群落组成的主要因素。鱼产量的增加和蓝藻水华的频繁暴发促进了湖泊中轮虫和小型枝角类的生长，导致浮游动物群落组成的变化。长江中下游湖泊按鱼产量可分为高鱼产量（291.2 kg/hm²）和低鱼产量（47.1 kg/hm²）两类，鱼产量较高时，湖泊轮虫优势度增加，小型枝角类、哲水蚤的优势度降低；低鱼产湖泊营养水平增加，小型枝角类的优势度增加（图 5.14）（Li et al.，2017）。鱼产量的增加和蓝藻水华的频繁暴发促进了湖泊中轮虫和小型

枝角类的生长，导致浮游动物群落组成的变化。鱼产量较低，浮游动物以浮游甲壳动物为主，营养的增加使蓝藻增加，大型枝角类减少，小型枝角类和剑水蚤增加，浮游动物的控藻作用十分有限。

营养盐增加对浮游动物和浮游植物的影响仅发生在鱼产量较低情况下；鱼产量较高时，营养盐增加对浮游动物的影响无显著差异。鱼产量较高的富营养湖泊，浮游动物以轮虫为主，浮游动物的控藻作用更加有限（Li et al，2017）。因此，长江中下游湖泊中，鱼产量和蓝藻是影响浮游动物群落组成的主要因素。

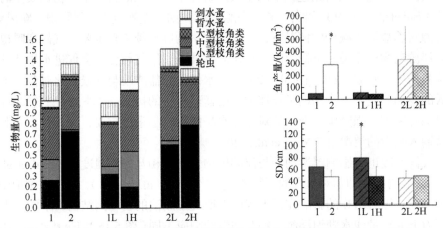

图 5.14　长江中下游湖泊中浮游动物组成及其与鱼类的关系（Li et al., 2017）
1：低鱼产量；2：高鱼产量；1L：低鱼产量低营养；1H：低鱼产量高营养；
2L：高鱼产量低营养；2H：高鱼产量高营养

2. 食物网结构简单化和水生植被退化大幅减弱生态系统对蓝藻的控制能力

较高营养盐含量及退化严重的湖泊生态系统是蓝藻水华发生的重要基础。浮游植物、附着藻类、水生植物、浮游动物、底栖动物、滤食性鱼类、草食性鱼类、肉食性鱼类等，构成湖泊复杂的食物网。富营养化、蓝藻水华等严重影响水生生物群落结构，导致食物网结构简单化，并引起富营养水体中营养盐在食物链中传递的过程缩短，促进了水柱中营养盐在藻类-水体间以及有机和无机态之间快速高效地转化循环（秦伯强，2020），导致对蓝藻水华的下行控制能力减弱。例如鲢、鳙等滤食性鱼类减少，导致滤食性鱼类对蓝藻的直接摄食作用减弱，根据太湖梅梁湾的试验估算，按鱼类产出量 50 g/m³ 的标准投放鲢鳙，在水华暴发的夏季能去除水体藻类生物量的30%以上。鱼类小型化则加强了对浮游动物的捕食能力，从而减轻了对浮游藻类的摄食能力；湖泊中大型浮游动物减少，浮游动物小型化，对蓝藻的控制能力下降，下行效应减弱，有利于蓝藻水华的维持（Chen et al.，2012）；大型底栖动物的大幅减少致使底栖和附着藻类增生，加速沉水植被退化。综上所述，食物网结构的简单化严重减弱了生态系统对水华藻类的控制能力。

3. 气候变化叠加富营养化加剧了长江中下游蓝藻水华的扩张

经过十年研究治理发现，营养盐富集叠加气候变化的协同放大作用促进了蓝藻水华暴发（Qin et al.，2019），气候变化对生态系统的影响在一定程度上抵消了营养盐下降对生态系统的积极作用。在太湖高营养盐浓度的背景下，近20年来蓝藻水华强度的扩张主要受气候变化因子的影响，短期温度波动会促进水华蓝藻种群优势的更早确立。从2003年到2017年，太湖蓝藻水华开始时间提前了29.9天，其中气温、风速、氮磷比这三个因子共同解释了59.9%的蓝藻水华初始发生时间提前（Shi et al.，2019）。此外，极端气候事件，如极端暴风雨、强降雨、飓风等，在外源营养盐输入减少的情况下，对蓝藻水华的影响越来越重要。气候变暖也会减弱浮游动物对藻类的下行效应。短期温度波动会给气候变暖会促进水华蓝藻种群优势的更早确立（Zhang et al.，2012）。水体营养盐浓度与气候变化对蓝藻水华形成的叠加效应进一步加剧了长江中下游蓝藻水华的扩张。此外，极端气候事件，如极端暴风雨、强降雨、飓风等对蓝藻水华的影响越来越重要，尤其是在外源营养盐输入减少的情况下（Yang et al.，2016）。

气候变暖也会影响浮游动物与浮游植物之间的相互作用强度（Ewald et al.，2013），减弱浮游动物对藻类的下行效应（Marino et al.，2018）。在浅水湖泊中，温度升高对浮游植物的影响在很大程度上取决于湖泊的食物网结构，不同鱼类捕食压力下亚热带浅水湖泊浮游生物对增温的响应不同（图5.15）（He et al.，2018）。因此，在未来全球气候变暖以及极端气候事件频次和强度增加的趋势下，蓝藻水华控制需要更为严格的氮、磷控制标准，并加强对湖泊生态系统食物网结构的调控，尤其是通过加强对鱼类的调控可能会有效抑制增温对温暖地区浅水湖泊富营养化的影响。

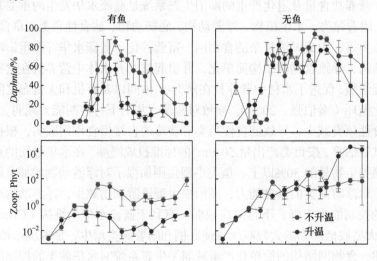

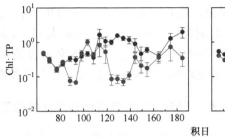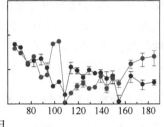

图 5.15 升温对有鱼和无鱼系统中下行效应的影响（He et al., 2018）

5.3 长江中下游受损湖泊生态修复建议

随着我国长江中下游湖泊水质的总体形势改善，建议"十四五"长江中下游湖泊由"水质改善为核心"转变为"水质改善和水生态保护修复并重"的策略，在湖泊水质持续改善的基础上，有关水生态保护修复的具体建议如下。

5.3.1 恢复湖泊生态空间，优化水文节律，改善生境连通性和完整性

长江中下游是典型的泛滥平原湖泊，针对其湖滨生态空间被大量侵占、流域人类活动强度高等特征，建议划定湖滨缓冲区。一是紧邻湖滨划定一级保护区域，科学确定湖泊生态空间恢复目标，统筹流域发展范围及布局，退出重要生态功能区村镇旅游建设用地以及农田用地，扩增并修复湖泊生态空间；对于太湖，保持湖荡、湖汊的比例，加强湖荡湿地的治理等；对于巢湖，需要科学圩堤，保持一定量的滞洪湿地，确保正常淹水，扩大生态空间。二是紧邻湖滨外围划定二级保护区域，制定准入清单，严格控制湖滨土地使用强度；严格控制湖滨村镇及旅游开发规模；限制高强度农田种植。三是优化湖泊水位节律，在冬春季节适当降低水位，促进冬春季沉水植物恢复，并促进夏秋季沉水植物萌发生长。四是优化长江干支流水库群调度方案，保障中下游湖泊生态需水量。

5.3.2 优化湖泊食物网结构，增强食物网碳氮磷周转和生态系统恢复力

渔业不仅是重要的生物资源，更对湖泊碳、氮、磷周转和湖泊生态恢复起到重要作用。建议优化以鱼类为主的食物网结构。一是在大型通江湖泊洞庭湖和鄱阳湖与长江同步实施封湖禁渔，加快渔业资源恢复。二是针对阻隔型湖泊实施"灌江纳苗"和"排江返渔"，加快鲢鱼、鳙鱼半洄游以及洄游鱼类的恢复；在产漂流性卵鱼类繁殖季节湖泊开闸引水"顺灌"纳入鱼苗，而在秋冬季实施"排江"和河湖通道禁捕，让成熟的亲鱼返回长江，以便翌年春季可以逆江上溯产卵繁殖。三是加大人工增殖放流力度，优化渔业结构。加大长江中游湖泊四大家鱼青草鲢

鳙增殖放流力度，提高放流鱼种规格，提升放流个体野外生存能力；加强放流个体的种质资源管理及和效果评估；针对富营养化浅水湖泊（如太湖、巢湖等），应加大滤食性鱼类占比，提升对浮游植物的控制。四是加强小型放养养殖湖泊养殖结构优化，建立清水养殖模式。五是加强湖滨鱼类栖息地恢复，提升鱼类恢复水平。

5.3.3　加强并实施水生植被分类恢复，提升湖泊生态系统多样性和稳定性

水生植被是湖泊最重要的初级生产者，对保持湖泊水质、保护湖泊生态系统多样性和稳定性都有重要作用。水位和水文节律的调节，在水生植物修复中至关重要，建议按照不同湖泊类型及其对水位的需求特征分类实施水生植被恢复（袁赛波等，2019）。一是针对水源地较多或水质要求较高的湖泊（如梁子湖等），通过入湖负荷控制和冬春低水位调控增加沉水植物盖度；同时通过增加湖滨带挺水植物，以削减水体营养负荷。二是对于大型通江湖泊（如洞庭湖、鄱阳湖和白臼湖），建议尽量维持自然水位波动节律，保持较大的水位波动幅度，为湿生植物和候鸟创造广阔的栖息地。三是针对沼泽化性湖泊（如洪湖、武湖等），建议加大年水位波动幅度，以控制挺水植物过度生长，缓解沼泽化进程。四是以渔业生产为主湖泊（如牛山湖、阳澄湖等），多呈反季节水位波动，应加强水位管理，降低春季水位，缓慢提升夏季水位，保证沉水植物顺利萌发生长；并促进沉水植物资源量增加，保障渔业资源量。五是针对景观湖泊（如东湖、莫愁湖等），建议该类湖泊适当降低春季水位，小幅度提升冬季水位，以满足湿生和挺水植物的生长，维持水体自净能力，并保持湖滨带良好的景观。

5.3.4　加强湖泊良性生态系统循环与平衡研究，支撑生态修复工程建设

长江中下游的大部分湖泊生态系统退化严重，且面临气候变化和人类活动双重压力。"水专项"虽然针对长江中下游湖泊开展了藻华控制、滨岸带修复、水生植被恢复等生态修复技术研究，但针对不同类型良性湖泊生态系统的循环和平衡理论研究相对较少。为充分发挥生态修复工程效果，建议"十四五"考虑对良性湖泊生态系统开展四个方面的研究：一是构建区域湖泊生态立体监测体系，开展水生态系统健康状态及重要生态过程的系统监测；二是开展不同类型食物网结构与生态系统碳、氮、磷循环过程研究，构建湖泊良性物质循环的水-草-藻-鱼生命体系实现模式；三是研究太湖、巢湖等大型富营养化湖泊生态系统长效稳态维持及生态环境问题应急处理等难题；四是加强气候变化、人类活动等对湖泊生态系统结构与功能影响等研究。

5.4　本　章　小　结

解析了长江中下游湖泊生态系统面临的主要问题，探究了湖泊生态系统退化

机理，并提出了修复对策建议，对于长江中下游湖泊治理具有指导意义。

长江中下游湖泊面临的生态环境问题：一是水质改善虽初见成效，但富营养化程度居高不下，规模蓝藻水华未得到有效遏制；二是湖泊生态空间被大量侵占、江湖阻隔带来的生境破碎化等生态环境问题严重；三是水生植被退化，食物网结构简单化，物种多样性下降，湖泊生态系统呈现以藻类为优势的浊水态。

长江中下游湖泊生态系统失衡的关键点和严重退化的主要原因，包括一是江湖阻隔和水位自然节律的改变导致食物链缩短和食物网简单化，江湖阻隔破坏了水生生物群落结构，增加湖体污染物的滞留时间，放大了营养盐对藻类生长的促进效应；水位自然节律变化阻碍水生植物生长，且损害生态空间。二是湖泊生态空间受损及被侵占等导致生境多样性和完整性受损，改变水生生物群落结构。干支流水库群建设和运行缩减了通江湖泊生态空间容量，导致部分湿地植被生态系统向陆生系统演替，严重影响鱼类、鸟类等栖息地功能。三是不合理的渔业活动加剧食物网结构简单化及水生植被退化，共同加重蓝藻水华暴发。此外，营养盐富集叠加气候变化的协同作用促进了蓝藻水华暴发。

针对长江中下游受损湖泊提出由"水质改善为核心"转变为"水质改善和水生态保护修复并重"的治理修复建议，恢复湖泊生态空间、优化湖泊水文节律，改善湖泊生境连通性和完整性；优化湖泊食物网结构，增强食物网碳氮磷周转能力和生态系统恢复力，优化以鱼类为主的食物网结构；加强并实施水生植被分类修复，提升湖泊生态系统的多样性和稳定性；加强湖泊良性生态系统循环与平衡研究，支撑湖泊生态修复工程。

第6章 湖泊保护治理技术及应用

随经济社会快速发展，大规模围湖造田和围网养殖，直立驳岸、港口码头及河堤兴建与旅游业等大力发展，土地的不合理开发利用及农田化肥农药的过量施用等人类经济社会活动，大量污染物直接入湖，导致湖泊水质恶化、水生动植物急剧减少，生态系统结构遭到破坏（李惠梅等，2014；李广宇等，2015）。与之相对应，目前我国湖泊治理技术单项分散、技术盲目引进应用，缺乏综合集成，且尚无针对不同类型湖泊综合有效的治理技术与方法。因此，湖泊治理应在"分区分类""一类湖一策略"的思路指导下，系统开展湖泊富营养控制技术的集成研究，提炼不同类型湖泊富营养化防治技术思路，集成湖泊富营养化控制技术体系，构建一体化的湖泊流域综合管理平台，为我国不同类型湖泊富营养化治理提供支撑。

6.1 我国湖泊保护治理技术体系

湖泊保护治理技术体系是针对目前湖泊所面临的严峻问题而提出的，单凭一类技术很难根治湖泊复杂的生态环境问题，其实质是通过对湖泊流域的污染状况及污染源进行系统分析，结合流域的自然、社会、经济、人文等情况，从流域尺度对湖泊保护与治理进行多层次多角度的方案设计，针对多种技术方法进行有机耦合，通过每一环节的协同完善，最终达到流域生态系统可持续发展的目的（贾璐颖，2015）。针对我国湖泊特征与水污染治理及生态修复的实际需求，通过梳理各类型湖泊治理经验，提出了由湖泊流域"清水产流机制修复技术、流域污染源系统治理技术、入湖河流治理及湖滨湿地修复技术、湖泊生境改善技术与流域综合管理及监控预警技术"组成的湖泊保护治理技术体系（图6.1）。

6.1.1 我国湖泊保护治理技术体系概述

我国湖泊数量众多、类型各异，湖泊保护治理取得了一定进展，但尚未形成完善的科学理论与方法，未建立针对不同类型湖泊的治理技术体系，难以支撑湖泊保护治理的科学决策。目前我国湖泊治理技术更多关注于单一要素，而忽视了生态系统的整体性；技术应用缺少各技术间的耦合和集成，对于工程措施的适用性，不同技术组合的集成应用及技术措施对湖泊生态系统整体功能影响的研究尚不充分，导致技术应用缺乏系统性和长期效果方面的考虑。

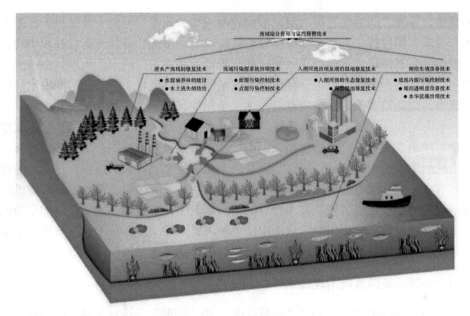

图 6.1 湖泊保护治理体系概念图

"十四五"规划纲要提出，到 2025 年我国地表水达到或好于Ⅲ类水体比例要达到 85%，是对水生态环境治理工作的新要求，新挑战。"有河有水、有鱼有草、人鱼和谐"成为"十四五"重点流域水生态环境保护规划的目标任务。针对不同湖泊，剖析突出问题，在湖泊流域点源和面源污染负荷现状调查和预测基础上，从社会-经济-环境系统的复杂性和整体性入手，提出宏观对策和微观控制措施相结合的治理措施和工程技术方案，其中"清水产流机制修复技术"确保源头清水产流，最终实现"清水"入湖；"流域污染源系统治理技术"是控制污染源头，"入湖河流治理及湖滨湿地修复技术"是作用"途径"的具体技术，是对低污染水进行净化和处理，进一步减少污染物入湖量，实现"控源、减排、截污、治污"，使污染物排放量与入湖量逐步得到消减；"湖泊生境改善技术"是直接作用在湖泊本身，是通过措施恢复湖泊健康的水生态系统，实现水生态系统良性循环；"流域综合管理及监控预警技术"是在清水产流机制修复、污染源系统治理、入湖河流治理及湖滨湿地修复、湖泊生境改善的同时，从全流域出发，治理和管理相结合，通过全流域环境综合监管，包括污染源监管、河流监管、水源涵养林及生态管理、水环境监测与管理、蓝藻水华预警及平台建设等，建立湖泊综合治理体系。

6.1.2 清水产流机制修复技术

湖泊流域的产流、汇流与入湖包括降雨产流、流域蓄渗、坡面汇流、河网汇流、汇流入湖等过程，其中降雨产生的径流，部分由土壤蓄渗，部分由坡面汇流形成地表径流，而地表径流由河网汇流或形成坡面流最终经由湖滨区进入湖泊水体。径流入湖过程中，污染物也由径流携带入湖。由此，若径流运行过程中均污染较小、生态保持良好或净化效果较好，则径流最终为"清水"入湖，由径流携带入湖的污染会较小；反之，径流携带入湖的污染就会较大，若超过湖泊水环境承载力，则加重湖泊水污染和富营养化（金相灿和胡小贞，2010）。

水源涵养区也属于清水产流区，对调节坡面径流、地下径流及减少径流泥沙含量、净化水质等具有重要作用。由于垦荒和坡地种植等原因，山区、涵养林、面山林地等遭受人为破坏，而恢复则是一个相对复杂而漫长的过程，该区域的破坏使清水产流功能日渐脆弱，导致土壤侵蚀与水土流失加重，不能为下游提供足够清水。清水产流机制修复技术针对的是入湖河流上游区域，主要是增加水源涵蓄能力，修复清水产流机制，从而保证下游河道水质。具体技术包括坡耕地雨水集蓄及高效利用技术、山地植被快速修复与草场保护隔离围栏技术等。

6.1.3　流域污染源系统治理技术

污染源系统治理的核心是"控源减排"，而"控源"是指对入湖污染物及其来源进行控制，以达到改善湖泊水质的目的。湖泊污染物来源多样，其中从外部向湖泊输入被称为外源污染，又可分成点源污染和面源污染。点源污染是指有固定排放点的污染源，多为工业废水及生活污水，由排放口集中汇入江河湖泊等水体；面源污染是相对点源污染而言，指溶解和固体污染物从非特定地点，在降水（或融雪）冲刷等作用下，通过径流过程而汇入受纳水体（包括河流、湖泊、水库和海湾等）。如农业生产施用的化肥，经雨水冲刷流入水体而成为农业面源污染；再如城市交通汽车尾气排放的重金属物质，随降雨或融雪后的地面径流，经城市排水系统而进入河流湖库等水体也会造成水体污染。

1. 面源污染控制技术

农业面源有量大面广的特点，如洞庭湖、洱海等湖泊流域，农业面源是最重要污染源，即使在工业发达的太湖流域，农业面源也是入湖污染负荷的重要贡献者。因此，需要开展农村生活污水、种植业污染、地表径流、污水处理厂出水、污染河流等低污染水强化净化等工作，以切实削减入湖污染负荷量。

具体技术措施包括采用先进高效的控源集成技术，有力削减工业废水污染负荷，并使工业废水达标排放；重点应加大生活污水处理力度，特别是实施污水深度除磷脱氮和有机污染物去除等集成技术，并结合污水深度净化与资源化、土地处理等措施手段，有效控制水污染。其中，农村生活污水处理技术包括接触氧化、塔式蚯蚓生态滤池组合、厌氧发酵-生态土壤-蔬菜种植组合、高效藻类塘处理、填料式厌氧折流板反应器、人工快速渗滤系统、土壤净化槽、多介质土壤层耦合处理、自然增氧渗滤土壤净化、太阳能曝气接触氧化法、三级塘生物生态处理强化、分散厌氧-人工活性土集中式原位处理、山地乡镇污水多形态生物生态处理、厌氧水解-跌水充氧接触氧化-折流人工湿地组合等；污水处理厂出水的生态化处理技术包括多级塘、多级湿地、氧化塘-湿地、旁侧生态河道、前置库等；农业径流污染处理技术包括生态沟渠、生态堤岸、人工湿地和碎石床等；暴雨径流处理技术包括蓄水池-湿地、生态砾石床、下凹式绿地等。

2. 点源污染控制技术

一般工业废水和城市生活污水，经污水处理厂或经管网输送到水体排放口，作为重要污染点源向水体排放。点源含污染物多，成分复杂，其变化规律依据工业废水和生活污水排放规律，具有季节性和随机性。点源污染主要由大、中企业和大、中居民点大量水污染物的集中排放，其中主要包括城市生活污水和工业废水。部分污水处理厂处理的是单纯的生活污水，而有些则含有一定比例的工业废水，开发区及工业聚集区工业废水往往占比较大。

1）工业废水处理技术

含氮废水处理多采用生化法、物化法以及物化和生化相结合的方法。物化处理通常采用吹脱脱氨法，该方法除氨效果稳定，操作简便，容易控制，但该处理工艺能耗较大，吹脱出来的氨若不处理将造成二次污染，通常适用于氨含量高、水量小的情况。生化处理通常是采用厌氧-好氧生化处理，能较彻底地脱除废水中的氨，并且不会造成二次污染。为提高脱氮效率、降低运行成本和费用、减少占地面积、便于操作、降低能耗、避免二次污染等方面考虑，开发了许多具有特色的脱氮工艺，如前置反硝化除磷脱氮工艺、Bardenpho 工艺、phoredox 工艺等，A²/O 工艺及其改进工艺，UCT、VIP 工艺及改良 UCT 工艺，ICEAS、DAT-IAT、CASS、IDEA、UNITANK、ADMONT、LINPOR-N 工艺等。

2）生活污水处理技术

国内外生活污水处理有集中处理和分散处理两种。发达国家的经验证明，建设排水管网和污水处理厂是控制环境污染的重要措施。目前我国污水处理采取的是综合防治措施，在城市通过加强对排水管网和污水处理厂的建设，实行污水集中处理，以此提高污水处理率和达标率；在农村，则因地制宜，集中与分散相结合，并且大多采取天然生物净化措施，如稳定塘、土地处理系统等。

6.1.4 入湖河流治理及湖滨湿地修复技术

1. 入湖河流生态修复技术

入湖河流是陆地生态系统向湖泊水生生态系统的枝状延伸，也是陆源污染物入湖的主要通道, 城市排水、农田尾水及上游水土流失等污染物通过溪流或河流入湖, 是污染迁移扩散的主要途径。入湖河流治理与修复, 一方面可有效削减入湖污染负荷, 同时还可修复河流生态系统, 充分发挥河流自身生态功能和经济美学价值。但入湖河流治理不能仅仅把河流当做输水通道, 也是湖泊流域的重要组成部分, 在湖滨湿地保护、水源涵养、蓄洪防旱、促淤造地、维持生物多样性和生态平衡等方面有着十分重要的作用。因此, 不仅要做好入湖河流污染控制, 更需要做好其生态修复, 必须把入湖河流当做湖泊流域的一部分加以保护和修复。

入湖河流污染治理与生态修复技术主要分成四类: ①外源污染阻截技术, 主要包括河滨缓冲带、前置库处理技术与旁侧河道技术等; ②低污染水净化技术, 主要包括生态砾石床、人工湿地、稳定塘技术等; ③护岸生态修复技术, 主要包括自然护岸、生态混凝土护岸、生态石笼护岸、木材护岸、鱼巢护岸、柳条护岸等; ④生态河床构建技术, 主要包括深潭浅滩、蛇形河槽、水生植被构建等。

2. 湖滨湿地修复技术

湖滨带是湖泊流域水生生态系统与陆生生态系统间的过渡带, 其核心范围是湖泊水位的变幅带, 根据水陆生态系统的作用强度, 可适当向水向和陆向辐射一定范围, 湖滨带在湖泊生态系统中具有非常重要的地位。湖滨带也是湖泊水生植物的主要分布区, 更是湖泊鱼类、底栖动物、湿地鸟类等的重要栖息地。湖滨带对维持湖泊生物多样性贡献较大, 是鱼类重要产卵场、觅食场和避害地, 对于幼鱼生长、觅食、避害尤为重要; 其也具有生物多样性保护、水质净化、护岸等生态功能, 也兼有景观美学和经济价值, 具有重要的社会经济功能。

在湖滨带生态修复中, 其生物多样性功能的修复尤为重要。湖滨带干湿交替变化、岸线地形地貌变化、风浪作用等形成了湖滨复杂多样的生境, 作为相对开放水域, 湖滨带在狭窄的空间内结构更复杂, 生物多样性更高。湖滨带复杂多变的环境因子包括岸线形态、水深、沉积物类型、波浪强度等。湖滨带生态修复包括湖滨基底修复、群落优化配置、湖滨带生物多样性恢复、湖滨带管理等内容。湖滨带基底(地质、地形、地貌等)是湖滨带生态系统发育和存在的载体, 湖滨带基底修复主要包括基底稳定性设计和地形、地貌、底质等改造, 为湖滨带生态恢复创造条件。如控制沉积和侵蚀, 保持湖滨带物理基底相对稳定; 解决风浪、水流等不利水文条件的负面影响; 对由于人类活动改变的地形地貌(如鱼塘、村落、堤防)进行修复与改造; 改变底质, 营造适合目标生物生存条件。

湖滨带群落配置主要考虑其生态功能。以生物多样性保护为主的修复区, 应根据历史调查数据, 确定合理的物种数及种类, 在此基础上, 尽量多地选择本土物种; 以入湖径流净化为主的修复区, 应选择污染物富集能力强的本土物种; 以水土保持与护岸为主的修复区, 应选择固土能力强的物种。配置时保证植物群落多种、多层、高效、稳定，还要保证适宜的空间配置、节律匹配及景观美学需求等。一般情况下，由沿岸向湖心方向依次配置乔灌草、挺水植物、浮叶植物和沉水植物所组成的水生植物系列，形成水上、水面以及水下立体式结构。

湖滨带管理也至关重要，不少学者已意识到湖滨水生植物过度生长的危害，死亡植株腐烂分解释放营养盐，会对湖泊水体造成二次污染，加快湖泊淤积速度和沼泽化（厉恩华，2006）。国内外在水生植物收割管理方式方法及其效益方面也开展了一些研究（Ostendorp et al.，1995；叶碧碧，2011），可适当减少挺水植物比例，主要配置湿生乔木、浮叶植物和沉水植物等（陈静等，2012）。

6.1.5　湖泊生境改善技术

一般意义来讲，湖泊生境改善是为实施生态修复创造条件，是利用生态学原理，采取各种工程、生物和生态等措施，修复受损伤水体生物群体及结构，强化水体自净能力，为水体恢复自我修复功能，重建健康的水生生态系统创新条件，从而使水生态系统实现整体协调，自我维持，并进入自我演替的良性循环。湖泊生境改善一般是通过人工干预方式，包括重建干扰前的物理环境条件、调节水化学条件及减轻生态系统环境压力（减少营养盐或污染物的负荷）等方面。生境改善的关键是通过措施减缓外部环境胁迫，或改善湖泊生态环境条件，为恢复生态系统结构和功能创造条件。通过改善湖泊生境，实施生态系统恢复，提高湖泊抵御外部环境变化的能力和实施自我修复的能力。我国大部分湖泊，即使在污染源得到有效控制的前提下，直接实施生态修复，特别是修复湖泊沉水植物，往往不具备修复的条件，主要是透明度较低，水体营养盐浓度较高及底质条件较差等问题突出。因此，实施湖泊生态修复，特别是沉水植物修复的前提是要实施生境改善。综合分析目前国内外常用的湖泊生境改善技术，主要包括如下几个方面。

1. 底泥污染控制技术

湖泊沉积物氮、磷容易累积，在厌氧、风浪扰动、船桨作用等条件下，大量营养盐易释放进入上覆水，浅水湖泊沉积物氮、磷释放尤为显著。内源释放对富营养化具有长期影响。如考虑水生植物恢复，还需控制污染底泥含水率、流动性等物理特性。国际上已经发展了一系列较为有效的方法，如疏浚法、覆盖法、固化法、隔离法、生物法等，其中底泥疏浚是目前应用较多的方法，精确薄层疏浚、疏浚过程中二次污染防治（防止细颗粒扩散、泥浆脱水干化、余水处理与排放等）技术及设备的研发，使底泥疏浚成为湖泊生态修复的重要手段。

2. 湖泊透明度改善技术

修复水生植被（尤其是沉水植被）是富营养化湖泊生态修复的关键环节。影响水生植物修复的主要因素有光照、风浪、沉积物特性、营养盐、鱼类牧食等，而天然水体中光照是决定水生植物能否生长的首要因素。天然水体中光强的传输过程是近似于指数衰减，影响光在水体中衰减快慢的因素主要有三个，水体中悬浮物浓度、水体本身的物理特性及水体溶解性物质浓度。一般情况下水体透明度与水下光强的衰减（消光系数）有着明显相关关系。因此，常用水体透明度来表征水下光强。湖泊底部良好的光照条件是沉水植物赖以生长的基本前提，也是限制沉水植物在湖泊中最大分布水深的主要因子。湖泊底部光照强度一般要大于湖泊水面光照强度的 1%～3%才能维持沉水植物正常生长，实际上很多种沉水植物都需要底部光照达到湖面光强的 10%～20%才能维持正常的种群动态（生态补偿点）。当水下某处光强低于水面光强的 1%时，高等水生植物不能维持正的净光合作用，即水生植物无法正常定居生长（王圣瑞和储昭升，2015）。

水深和透明度同时对水生植物生长定居发挥关键作用。一般来讲，2.0 m 左右水深，透明度保持在 67～79 cm 以上沉水植物才具备恢复条件。湖泊底部光照强度主要由三大因素决定，湖泊所处区域太阳辐射强度、水深及水体对光的消减强度。湖泊富营养化导致水体透明度下降，光照强度随水深增加而快速衰减，一般仅少量光照可到达湖泊底部。因此，富营养湖泊沉水植物常受弱光胁迫。

改善水体透明度是众多富营养化湖泊生态修复首先需要解决的问题，同时也是水生态修复的难点。水体透明度与悬浮物和藻类生物量密切相关。因此，改善水体透明度也应该从这几方面入手。改善水体透明度有多种方法，从实施周期和目的来看，可以大致分为间接法和直接法两类（王圣瑞和储昭升，2015）。其中，间接法是从改善湖泊生态系统健康状况入手，以调整修复生态系统为目的，如污染物削减、底泥疏浚、经典的生物操纵等，这类方法虽然是从根本上解决湖泊生态系统修复问题，但耗时长，见效慢，属于比较经典的水生态修复手段；另一类则是直接法，以短期内明显提高透明度为目的，通过投放吸附絮凝剂，吸附水体悬浮颗粒物和浮游植物等，并将其沉降在沉积物表面，实现提高水体透明度的目的。此类方法往往是针对藻类水华的应急处理，并为进一步实施生态修复奠定基础，其后期需要配合其他生态修复手段，才能实现对整个生态系统的全面修复。

3. 水华蓝藻治理技术

目前水华藻类治理常用处理方法有化学法、物理法及生物法。化学法能够快速杀藻，但对水环境的毒副作用及藻毒素释放限制了其在自然水体的应用；物理法一般只适用于小范围水体的藻类控制,效率较低且无法从根本上解决藻类污染；生物法虽然能够达到控制藻类生长的目的，但周期较长，不适于突发性水华治理。因此，选用切实可行的除藻新技术对于藻华去除及富营养化治理至关重要。

常用水华藻类去除技术特点及应用条件见表 6.1。

表 6.1　常用除藻技术特点及应用条件

技术类别	技术与设备	技术原理	优点	缺点
物理控藻技术	空气扬水筒技术	通过改变水体氧含量、破坏藻类生存条件，抑制藻类生长	适用于小型湖泊、湖湾等，效果显著	费用高；操作过程复杂，管理困难
	物理遮光法	经过遮光后，藻类的光合作用能力大大削弱，后续有机物的合成量和光能与化学能的装换量大大减小，从而抑制了藻类的暴发	适用于小型湖泊、湖湾等，效果显著	费用高；操作过程复杂，管理困难，同时遮挡了水面，环境感官变差
	超声波控藻技术	可以破坏藻细胞内活性酶和活性物质，从而抑制藻类生长	使用方法简单，有一定效果	控制范围有限，不适合大型水体
	机械化打捞	对藻类进行机械采收，扰动水体，破坏藻类生存条件	效果明显，且清楚无害化、无风险，同时去除水体中的 N、P	人工费用较高；后续陆基无害化处理压力较大
化学控藻技术	药剂除藻技术	抑制藻细胞活性，阻碍其生长繁殖	作用速度快，效果显著	导致藻类细胞内容物外泄，从而引起水肿溶解性有机物、藻类代谢毒物浓度增加，容易造成二次污染
	絮凝剂除藻技术	絮凝作用藻细胞凝聚成大颗粒，自然沉降，达到固液分离的效果	作用速度快，效果显著；使用方便，价格低廉，较为安全	存在二次污染的风险
生物控藻技术	藻类病毒与病原菌抑藻技术	裂解或破坏藻细胞结构	无副作用；成本低；而有长期持久的效果	见效慢，不适合于突发性水华治理
	鱼类除藻技术	滤食性鱼类和杂食性鱼类能够直接摄食藻类	无副作用；成本低；而有长期持久的效果	见效慢，不适合于突发性水华治理
	水生植物抑制技术	向环境中释放化学物质对其他植物产生化感作用	无副作用；成本低；而有长期持久的效果	见效慢，不适合于突发性水华治理

4. 水生植被恢复与重建技术

水生植物是湖泊生态系统中最重要的初级生产者，其种类丰富，并可为鱼类、底栖动物等营造重要的栖息环境，对湖泊保持清水状态具有重要作用，水生植物恢复也因而在湖泊生态修复中往往处于核心地位。2004 年国家环保总局发布的《湖库富营养化防治技术政策》也将水生植物恢复与重建作为推荐的重要技术之一。水生植物的恢复将决定整个湖泊生态系统的食物网结构，同时水生植物还可以通过吸收营养物质（Brix，1994），负载降解微生物体，提供碳源、光合放氧等作用，增加水体溶解氧水平，增加水体透明度，促进反硝化作用（黄亚等，2005），抑制底泥营养物质释放（邱东茹等，1998；宋碧玉等，2000；章宗涉，1998；Brix，1997）等降低水体营养化水平。此外，水生植物可以抑制蓝藻生长，并发挥为水生动物、昆虫以及两栖类动物提供栖息地等功能，其恢复将促进湖泊生态系统向良性方向发展，并最终决定湖泊生态系统生物群落结构的恢复。

水生植物恢复技术的理论基础有稳态转换理论（刘永定等，2007）、生物操纵理论（刘建康和谢平，2003）等，其中稳态转换理论备受关注，掌握草型清水稳态与藻型浊水稳态间的转换条件，消除水生植物退化因子，对指导水生植物的恢复具有重要意义；水生植物恢复常见的方法有种植恢复、种子库恢复等。

6.1.6　流域综合管理及监控预警技术

1. 流域综合管理

湖泊流域长效管理至关重要，应以流域为单位，建立专门的政府管理机构及研究机构，制定相应的湖泊污染治理相关法律法规，长期监测是湖泊研究的重要基础，并普及环保知识，积极对公众进行环境教育，动员全民参与。流域管理技术措施主要包括综合观测技术、污染源监控技术、河湖监控预警技术、全流域综合管理平台构建技术及流域长效管理体制与运行机制等。

综合观测技术的重点是构建流域各子系统生态综合观测指标体系，提出综合观测方案，选择典型区域，建设流域生态系统综合观测站。通过该技术可以实现对流域生态系统的立体综合观测，并可实现数据的实时采集与传输。

污染源监控技术的重点是调查和汇总流域污染源分布、污染特征及其变化等状况。实现流域污染源数据的实时自动传输，识别流域污染重点防控区及风险等级，实现智能监管。通过对污染源监管智能化软件集成耦合，形成基于分级分区的流域污染源综合智能监管体系，为流域综合管理提供稳定可靠的数据支持。

河湖监控预警技术的重点是构建适合于流域的水动力水质模型，模拟入湖污染物在水体中的迁移转化过程及对水质和对水华暴发等影响。结合高频实时监测技术，建立水质水华预测预警系统，预测水质及水华概率和区域，为地方政府和相关管理部门提供水质调控与水量调度的科学依据和业务化管理工具。

流域综合管理平台构建的重点是实现海量数据信息的快速检索、有效管理与综合解析；集成数据库模块、污染源监控模块、河湖水质预测水华预警模块等，集成综合平台支持硬件，为流域水环境智能化管理提供支持。

建立流域长效管理体制与运行机制的重点是调查和总结流域生态环境工程建设和运行状况；综合分析流域工程效益，建立流域生态环境工程长效管理和运行技术指南、运行规程、考核办法及技术政策；提出流域长效管理体制与运行机制，主要包括设施运行、经费保障、设施运行监管及市场化运营等。

2. 湖泊蓝藻水华预警平台

美国应用的有害藻华预报系统主要依靠卫星遥感工具、数据模型预测、公共健康调查报告及实施监测数据来预测有害藻华可能发生的位置及未来 3～4 天的空间拓展轨迹和潜在影响范围及强度。欧盟国家倡议使用的有害藻华专业预报系统是基于水华藻种特征的模糊逻辑数学模型预报系统。国内近年来构建了卫星遥感、自动检测和人工巡测的空地一体化检测网络，开发了蓝藻水华数据同化系统，并建立了基于物联网技术的蓝藻水华预警平台。

我国当前蓝藻水华监测预警采用了常规的人工监测与多参数在线监测和卫星遥感监测相结合的机制。蓝藻水华的暴发、分布和集聚显著受到气象与水文因素的影响，导致其分布存在显著的空间动态变化。卫星遥感手段在反映整体蓝藻水华污染状态及空间分布方面具有一定的优点，但在现实的应用中，由于受天气因素、空间分辨率、时间分辨率等的局限，当前的技术手段难以对蓝藻水华的空间异质性进行高效跟踪检测，也难以及时高频次跟踪反映蓝藻水华的动态变化，尤其是其水平分布，因而很容易低估相关的健康风险影响，需要配合人工监测的参数在线监测。作为低空遥感技术的观测平台，我国在无人机技术领域也取得了长足的进步，技术日臻成熟。与卫星遥感技术相比，无人机低空遥感技术在监测成本、时效性、分辨率、光谱采集信息量等方面具有不可比拟的巨大优势。

6.2　我国湖泊保护治理技术概况

退化湖泊生态修复已成为世界性难题，国外在 20 世纪 40 年代后，就开展了大量研究和工程实践。我国湖泊富营养化治理是在 20 世纪 80 年代后才逐步受到重视，并相继启动了相关理论与技术研究，重点在太湖、滇池、巢湖、洱海等湖泊开展了研究和工程示范。总结我国富营养化湖泊治理与生态修复技术进展与应用，可为我国湖泊保护治理及生态修复提供技术参考。

6.2.1　湖泊生态修复技术及其阶段性特征

1. 国外湖泊生态修复技术

国外在湖泊富营养化治理方面起步较早，很多湖泊在快速经济发展期先后出现了严重的富营养化问题，在经过长时间的"先污染、后治理"的治理模式后均得到了较好的恢复（赵解春等，2011；窦明等，2007；涂建峰等，2007）。日本针对湖泊流域生活污水、工业点源、农业面源及湖泊内源控制，实施了一系列政策。如提高下水道系统普及率，截至 2005 年，霞浦湖流域和琵琶湖流域下水道系统普及率均已达到 50%以上；平均排放量达到 20 m^3/d 的工厂设施及《湖泊水质保护特别措施法》指定区域的特别设施都必须执行最严格水质排放标准；日本极力倡导发展环境友好型农业，对畜牧业废水排放也有严格的规定；另外，截至 2010 年底，霞浦湖流域完成 800 万 m³ 的疏浚量（宋菲菲等，2013）。在阿勃卡湖，为降低外源磷的输入，圣约翰斯河水资源管理局购买了面积近 8000 万 m² 的农场，其中 809 万 m² 已改造成为湿地，可减少入湖总磷的 85% 以上（Dunne et al.，2012）。

在琵琶湖、霞浦湖、阿勃卡湖等湖泊的治理过程中，采用了一系列生态修复技术：1992 年，颁布了滋贺县琵琶湖的芦苇丛保护法，并实施了对保护区内芦苇丛的养护项目；加强入湖河流河口及湖内植被（湿地）的建设，不但可以削减降雨初期入湖污染负荷，同时可过滤湖水中的悬浮物，提高湖泊的透明度；捕获砂囊鲫和通过生物操纵等措施，以达到除磷除氮、改善湖泊透明度、降低营养循环以及减轻鱼类对浮游动物的摄食压力，降低藻类生物量；提高水位变化幅度以帮助巩固沿岸带沉积物，为埋在沉积物里的植物种子提供萌芽机会。与此同时，流域的生态修复也同步进行，如加强湖泊流域稻田自净功能改善，使用天然材料，积极修缮河水净化措施；建设大规模的人工湿地及生态公园；充分利用河流及池塘的自然净化功能等。通过减少径流负荷等方法，去除导致浮游植物大量繁殖的磷等污染物（Coveney et al.，2002；Dunne et al.，2012）。

对于德国博登湖的治理修复，国家及地方政府均投入了大量人力和财力，包括大力兴建城市污水处理厂及改善下水管网和泵站等，污水处理率由 1972 年的 25% 增加到 1997 年的 93%；由于雨污分流改造造价过高，建造了许多蓄水池和雨水泵站，采用溢流储存的方式解决雨水问题；同时还采取了一系列限磷措施，从 1980 年起，磷的增长趋势已被控制，磷浓度也从 1979 年的 87 mg/m³ 降至 1999 年的 15 mg/m³，到 2009 年降为 12 mg/m³。博登湖的治理分别采用了保护生态系统的三大管理措施，其一是严格控制湖泊及其周边地区的开发建设；其二是保护湖泊动植物栖息地、湖滨带等生态空间；其三是实行河湖同治，拆除历史上用于防洪作用的水泥护坡，恢复为灌木草木，建立健康的湖泊生态系统。

北美五大湖为达到磷负荷的削减目标，1989 年，加拿大政府采取了耕作保持及合理施用化肥、草皮护坡水道及缓冲带和牲畜污物管理等措施，1990 年，安大略西南部排入伊利湖的磷每年减少 200 t。1972 年以来，美加两国共投资 120 多亿美元建造城市污水处理厂，到 1978 年加拿大有 89% 及美国有 64% 城市污水处理厂排水达到污水排放规定（涂建峰和郑丰，2007）。1972 年，美加两国共同颁布了大湖区水质协议，该协议实施后，北美秃鹰及其他一些物种已经重返五大湖流域栖息；1978 年，双方对协议进行了修订，强调两国将修复并维持五大湖流域生态系统重点修复水体化学物理和生物组成的完整性，并共同致力于减少污染；2009 年，边界水域条约签订 100 周年纪念仪式上，表述将采取积极措施保护五大湖地区免受外来物种、气候变化及其他现有或潜在问题威胁（陶希东，2009）。

1970 年，作为荷兰弗莱福兰省重要的自然风光和娱乐场所，费吕沃湖暴发严重的蓝绿藻污染，湖水浑浊，动植物种群和饲养的水禽急剧减少，湖泊生态遭到了严重的破坏。治理初期,在费昌沃湖周边建设了两座污水处理厂以减少外源磷的输入,但是,仅减少外源输入并不能很快使湖泊生态得到恢复;为减少内源磷的释放,在冬季又对湖水进行了引水稀释(Ibelings et al.,2007)。美国的摩西湖以及斯洛文尼亚的布莱德湖在实施截污减排和引水稀释工程后,湖泊水体富营养化现象有了根本性的好转(郭培章,2003;Acharya et al.,2010)。位于美国路易斯安那州巴吞鲁日的城市公园湖泊和瑞典的 Trummen 湖的处理措施主要为全湖沉积物的疏浚。在城市公园湖泊,将表层被重金属污染的沉积物放在凹陷处,然后覆盖上深层未被污染的沉积物,剩余的沉积物在湖泊的南部构造沙滩以增加湖泊氧气的贮存能力,减少鱼类的频繁死亡(Ruley and Rusch,2003)。

2. 我国湖泊生态修复技术

我国湖泊生态修复技术发展历程初步总结见表 6.2。由表 6.2 可见,"十五"期间,国家重大科技专项在太湖启动了"太湖水污染控制与水体修复技术及工程示范"课题,其中"太湖水源地水质改善技术"子课题,在取水口外围,研发滤食性鱼类控藻、滤食性蚌控藻、黏土絮凝控藻、排桩和竹排消浪等技术,改善水体透明度,控制底泥再悬浮和降低波浪,改善水体理化条件,为水生植物恢复创造条件。"重污染水体底泥环保疏浚与生态重建技术"子课题,重点强调了疏浚重污染底泥,重建水生植被等;"河网区面源污染控制成套技术"子课题,控制面源污染,修复河网区生态环境。国家重大科技专项在滇池开展了"滇池水污染控制技术研究",着重控制蓝藻水华,重建重污染湖湾水生植被。

"十五"期间,在太湖、巢湖、滇池也陆续开展了一定规模的生态修复工程实践。例如,在太湖实施了五里湖生态修复与生态护岸等生态修复工程,五里湖水质改善效果较好,湖滨区生态功能得以较好发挥;在滇池实施了草海污染底泥疏浚、滇池西岸湖滨带退塘还湖和湖滨带建设等工程,获得了较好的环境效益;在洱海,则实施了"退塘还湖""退房还湿地""退耕还林",并进行了 58 km 湖滨带大规模恢复,取得了很好的效果。然而,"十五"期间,部分湖泊在湖泊外源没有大幅削减的前提下,湖内生境条件难以有效改善并有力支撑湖泊生态恢复,而使一些湖泊生态修复方案并不理想。"十一五"以来,我国湖泊生态修复技术研究进入全新阶段。湖泊控源取得一定成效,同时对湖泊生态修复重要性认识也在不断加深,全国范围内开展了大规模的湖泊生态修复研究与实践。特别是国家水体污染控制与治理重大科技专项,在太湖、巢湖、滇池、洱海、西湖等湖泊都设立了生态修复相关课题,在流域层面进行系统设计,将湖泊生态修复与污染控制相结合,开展了一系列的研究与修复实践。工程实践中充分认识到湖泊生态修复的长期性和艰巨性,在污染较重的湖泊实施生态修复仍局限在湖滨区和局部具备条件的湖湾。湖滨带生态修复技术得到了较快发展,在太湖开展了大堤型湖滨带生态修复示范，在巢湖开展了强浪、崩岸型湖滨带生态修复，在洱海系统地研究了富营养化初期湖泊缓坡型和陡岸型湖滨带生态修复，并在太湖、巢湖、洱海等湖泊开展了湖滨带生态修复工程实践。

"十二五"水专项在"十一五"基础上，从流域出发，在"一流域一策、一湖一策"治理思路指导下，研发不同类型湖泊水污染与富营养化系统治理技术，开展了湖泊绿色流域建设与六大体系构建为主要内容的湖泊富营养化防治技术研究，包括流域社会经济布局及产业结构调整控污减排体系、流域污染源工程治理与控制体系、低污染水处理与净化体系、入湖河流污染治理与清水产流机制修复体系、湖泊水体生境改善体系及流域管理与生态文明构建体系。针对湖库水体及其污染特征，开展水质净化与生态修复技术及集成研究，其中水质净化方面针对受污染水体特征，研发受污染水体原位、异位处理技术，自然净化能力增强技术，集成湖泊水体受有毒有害物质污染底泥的精确疏浚、细颗粒去除、防止二次污染的环保疏浚技术，以及污泥的干化、余水处理与资源化成套技术，研发适用于不同水体的水生植物/动物净化污染物技术，突破基于改善水体水质的生态引水、闸坝调控及水量-水质联合调控技术，形成适用于不同富营养化水体的控藻/除藻技术及局部水域水质强化净化技术。在有效控源的基础上，分类型分阶段实施生态修复，并促进生态修复与富营养化控制的整合。

研发适用于湖库生态修复的生境改善技术，湖/库滨带基底修复、先锋种配制、生物多样性提升以及群落稳定化集成技术，浅水区大型维管束植物修复条件改善技术与促进受损生态系统自然修复技术，河口区自然湿地生态恢复与水生动物栖息地修复技术，发展以生态河床与生态护坡和河口人工湿地构建为核心的河道水系生态修复集成技术，研究修复典型水体底质和周丛生物群落以及生态保育关键技术，形成适用于我国不同地域特征、功能各异的湖泊生态系统修复集成技术体系，并进行集成与应用，使湖泊子流域科技示范区内水质得到显著改善。

"十三五"水专项重点针对我国湖泊治理与生态修复技术集成和工程应用需要解决的关键问题及难点，以期突破湖泊生境改善与生态功能提升技术，集成流域湿地修复与低污染水净化、入湖河流整治与生态修复、湖滨带生态修复与缓冲带构建、底泥疏浚与原位处理、水生态调控、流域水循环调控等技术，并形成成套化技术与应用方案，为我国湖泊的治理与修复提供技术支撑。

表 6.2　我国湖泊生态修复技术发展历程

技术类型	"十一五"前	"十一五"	"十二五"	"十三五"
湖滨缓冲带生态修复	缓冲带构建、湖滨带耐污先锋种恢复	多优群落构建、多类型湖滨带修复、低污染水净化		运行维护管理、湖滨区系统优化
湖滨大型湿地生态修复	污染特征、湖滨带、人工湿地		植物群落、基质	风险评价、湿地管理

续表

技术类型	"十一五"前	"十一五"	"十二五"	"十三五"
蓝藻水华防控	生物控制、絮凝	应急处置、鲢鳙鱼、生物操纵		离心脱水、机械除藻
底泥污染控制	富营养化、底泥疏浚	二次污染、环保疏浚		重金属污染、原位覆盖
水生态调控	鱼类、藻类、沉水植物重建、底栖动物恢复		群落优化	生态水位、诱导繁衍
综合管理	流域管理、综合管理		水资源管理、生态补偿	

6.2.2　我国湖泊治理技术应用

1. 清水产流机制修复技术应用

1）林业生态建设

在"十一五"和"十二五"期间，在辽宁省抚顺市清原县大苏河乡建立源头区水源涵养林恢复与水生态功能改善示范工程（何兴元，中国科学院沈阳应用生态研究所），主要在浑河上游源头区，针对现有林空间结构存在水平分布不均匀、林分垂直结构不明显，更新活力不足；林分树种结构过于单一，防护林效益较低等现状，采取抚育改造、林窗调控、效应带改造、封山育林、生态疏伐、冠下更新红松等措施，全面优化水源涵养林的空间、树种、龄组三大结构，实现林分最优空间配置结构，强化林下有益灌草的保护和生境改善，将现有林培育成为调水净水储水能力更强的复层混交林，提高现有水源涵养林的水源涵养功能，取得了河流上游源头区森林植被保护与水源涵养功能提升相结合的基础性技术突破（见图 6.2）。不仅改善了示范区树种组成，优化和调整林分结构，而且还增强森林的稳定性和健康度，提高森林水源涵养和净化水质的功能，提高示范区典型森林的水源涵养能力（有效蓄水量）3%～10%，河流水质达到Ⅱ类。

2）水土流失防控

针对洱海北部山区主要存在次生低效林或草地面积大问题，西部苍山主要存在矿石开采引起的地表裸露，废弃矿区未得到及时修复问题，南部山区主要存在波罗江上游坡耕地面积大，矿石开采影响大问题（王心，2017）。采取有效的措施，主要包括完善水利设施，改良土壤结构，增加耕地供养力度；平整土地大力推广坡改梯、地膜覆盖、免耕、横坡种植等新型耕作方式；构建生态防护林，加大退耕还林力度，还林后种植经济树种，保障"天保"工程实施等。对低效林和草地等进行改造或人工造林，补植乔木，增加植被覆盖率；对于废弃矿区进行植被生态修复；加强对涵养林的管理和维护，保障清水产流。针对水土流失现象，建设拦沙坝和谷坊，拦蓄山洪和泥石流，减少水土流失。

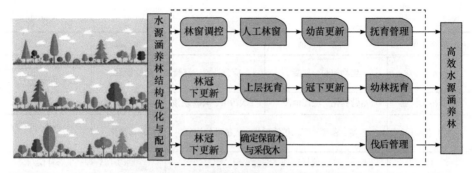

图 6.2　水源涵养林结构优化与配置技术流程图

根据水专项流域面源污染治理与水体生态修复成套技术及应用总结报告整理

2. 流域污染源系统治理技术应用

1）农田及养殖污染控制技术

A. 农田氮磷流失全程防控成套技术

农田氮磷流失全程防控成套技术是以小汇水区为控制单元，以大面积、连片农田面源污染控制为目标，集成农田养分精投减投、流失氮磷多重生态拦截、环境源氮磷养分农田安全再利用及富营养化水体的生态修复四大关键技术（图 6.3），突破

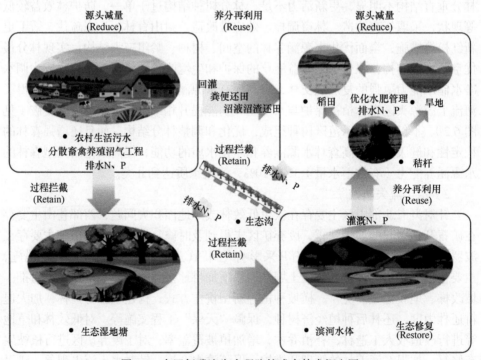

图 6.3　农田氮磷流失全程防控成套技术概念图

根据水专项流域面源污染治理与水体生态修复成套技术及应用总结报告整理

了种植业面源污染治理难点，有效实现农田减投减排、增产增效和区域水环境改善的三赢。其中，源头减量技术即通过农村生产生活方式的改变来实现面源污染产生量的最小化；过程阻断技术是指在污染物向水体的迁移过程中，通过一些物理、生物以及工程等方法对污染物进行拦截阻断和强化净化，延长其在陆域的停留时间，最大化减少其进入水体的污染物量；循环利用技术即将污染物中包含的氮磷等养分资源进行循环利用，达到节约资源、减少污染、增加经济效益的目的；生态修复则是通过生态工程等措施，恢复其生态系统结构和功能，实现水体生态系统自我修复能力的提高和自我净化能力的强化，最终实现水体由受损状态向健康稳定状态转化。

通过多级回用农田排水、生活污水尾水和陆域排水，实现陆域污染物区域联控。根据污染物的迁移路径，实施近源拦截（农田排水口促沉净化装置）—输移控制（生态沟渠）—末端净化（生态塘、湿地、生态滨河）的三阶段过程拦截净化，提高拦截系统处理效率和耐冲击负荷能力，稳定系统出水水质。该成套技术已经在太湖流域、巢湖流域、滇池流域、洱海流域、三峡库区等全国各大流域的农田面源污染严重区域进行了推广应用（杨林章，江苏省农业科学研究院）。累计应用面积 5322 万亩，减少化肥中氮磷施用量 7.63 万吨，减排氮磷 4.46 万吨，减少化肥投入 3.3 亿元，大大推动了农业清洁小流域建设。

B. 基于无害化微生物发酵床的养殖废弃物全循环技术

该技术从源头的生态养殖饲料控制、养殖方式优化到末端的废弃物资源化，系统集成了大通栏原位发酵床养殖、养殖污染异位发酵床控制、养殖固液废弃物一体化高值转化等多项技术（图 6.4），突破了高效保氮除臭菌剂开发、固体废弃

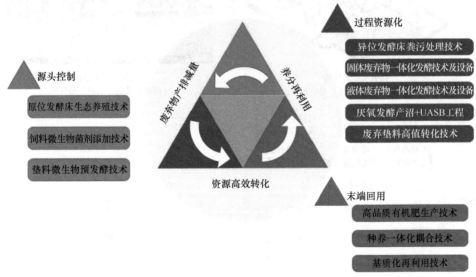

图 6.4　基于无害化微生物发酵床的养殖废弃物全循环成套技术架构图

根据水专项流域面源污染治理与水体生态修复成套技术及应用总结报告整理

物肥料化/基质化利用技术、原位/异位发酵床一体化机械翻堆运行等关键难点，在国内率先提出了基于"种植秸秆垫料化—养殖粪污异位发酵控制—有机废物兼性厌氧肥料化—还田养分控流失—基质种植资源化"的农业流域种养一体化系统控制与治理模式及方案（朱昌雄，中国农业科学院农业环境与可持续发展研究所），通过有机废弃物的资源化高值利用实现了种植业到养殖业的污染物驱零排放。

2）农村生活污水控制技术

A. 与种植业相融合的农村生活污水生物生态组合处理成套技术

基于"因地制宜、高技术、低投资与运行成本、资源化利用"的可持续发展原则，充分考虑"农村、农业、农民"特点和需求，将生物处理单元与生态处理单元相融合（吕锡武，东南大学）。由生物单元去除有机物，生态单元作为污染净化型农业实现氮磷去除和资源化利用（图6.5），污水处理与种植业相融合。适合于处理水量不大于200吨分散式生活污水。与常规技术相比，由于生物处理单元只去除有机物，不专门设计除磷脱氮功能，大幅度简化了生物单元，既降低了建设成本，运行维护简单，又适应了农村的管理需求。在生态处理单元，筛选氮磷吸收能力强、生物量大的空心菜、莴苣、水芹等经济性作物替代芦苇、香蒲等传

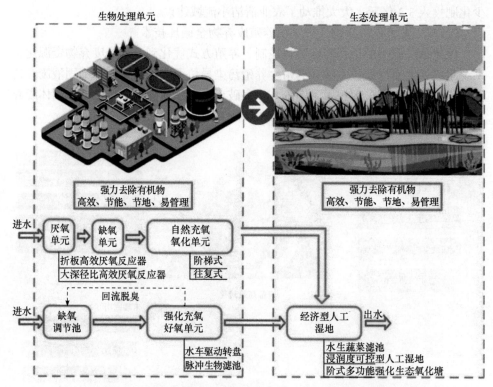

图6.5　与种植业相融合的农村生活污水生物生态组合处理成套技术概念图
根据水专项流域面源污染治理与水体生态修复成套技术及应用总结报告整理

统湿地植物，尾水氮磷资源化利用的同时还可产生一定的经济效益。

该技术已在常州武进、无锡宜兴、南京高淳、无锡江阴等地为"覆盖拉网式农村环境综合整治工程"和"农村环境连片整治工程"提供了技术支撑。截至 2021 年 3 月，已建成农村生活污水污水处理工程 614 座，处理规模达 15125 吨/天；并在淮安、山西、云南等地实现了技术推广，建成设施 7 座，总规模 331 吨/天。工程覆盖人口逾 10 万，年污染物削减量为 COD 192 吨、总氮 173 吨、总磷 19 吨，有效降低了入湖污染物总量，助力农业面源污染的控制。

B. 分散式农村污水处理氮磷稳定达标与提标改造成套技术

针对目前农村污水处理中氨氮和总磷等主要水质指标稳定达标困难、旧设施翻新改造工程量大等问题，同时普遍缺乏专业管理人员，迫切需要成本低、易维护、稳定达标且便于资源化的需求，集成应用多功能新型强化脱氮除磷生物填料、缓释固磷材料、缓释碳源、生物强化脱氮等技术，形成模块化的氮磷强化去除与水质稳定达标装置，并集成形成适用于不同工艺、不同规模的组装化成套化强化氮磷处理工艺与设备（图 6.6），从而在不对现有设施进行太大改造的基础上提升设施脱氮除磷效率，满足排放标准（徐向阳，浙江大学）。

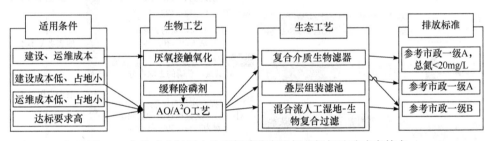

图 6.6　分散式农村污水处理氮磷稳定达标与提标改造成套技术
根据水专项流域面源污染治理与水体生态修复成套技术及应用总结报告整理

该工艺模式对 COD_{Cr}、氨氮、总氮、总磷去除效率可稳定在 92%、85%、75%、70%以上，出水主要指标稳定达到浙江省《农村生活污水处理设施水污染物排放标准》（DB 33/973—2015）一级标准，吨水投资成本 10000～12000 元，运行成本小于 0.3 元/吨，比现有技术减少 30%以上，进出水高差 0.5 m 以上的设施无须动力。通过技术不断改进，主要工艺模式占地面积由"十一五"期间的 2 m²/t 缩减为"十三五"期间的 0.5 m²/t，占地面积减少了 3/4，面积负荷是人工湿地的 5～10 倍，适合于处理水量不大于 200 吨的农村的分散式生活污水处理。

3. 入湖河流治理及湖滨湿地修复技术应用

1）污染河流梯级序列强化净化技术

针对天然基流缺乏、来水主要为污水处理厂尾水、可生化性差的污染河流，突破了"内电解基质强化净化技术""渗滤岛净化技术""主槽泄洪，侧槽净化""人工湿地耦联组合技术"及"土壤侧渗墙技术"等难点技术，集成了"强化-耦联-侧渗-削减"的污染河流"梯级序列"原位净化多级控污技术，示意图见图6.7（李爱民，南京大学）。"强化"是通过研发"河道强化净化反应器"和"内电解基质强化净化技术"，提高来水的可生化性，强化分解水体残留难降解有机污染物；"耦联"是针对河道泄洪与水质净化双重需要，提出"主槽泄洪，侧槽净化"的河流断面设计技术与"人工湿地耦联组合技术"，通过河床两侧（或一侧）构建河道侧槽，侧槽构建表流人工湿地与沼泽湿地，提升对COD、氨氮的降解能力，强化了河道净污功能；"侧渗"是基于河漫滩宽广、土壤沙质化的特点，研发出"土壤侧渗墙技术"，结合基质与自然曝气，提高脱硝态氮、除磷效率，净化河流水质；"削减"是种植土著耐污净污植物，提高河流自净能力，进一步削减污染物。

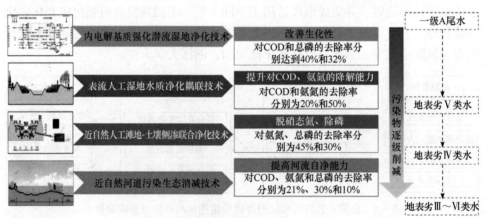

图6.7　污染河流梯级序列强化净化技术
根据水专项流域面源污染治理与水体生态修复成套技术及应用总结报告整理

2）湖滨缓冲带低污染水调蓄净化与构建技术

本项技术针对高原坝缓冲带低污染水水质水量波动大、受成本和效益双瓶颈限制的问题，突破了高效率、低成本、自动化的低污染水调蓄净化技术，在上游山体林草区径流与下游坝区农田-村落径流清污分流的基础上，通过自动雨量站或径流水位水量感知、多级库塘湿地氮磷净化及湿地动植物收获、翻板闸水位水量调控、尾水农田灌溉利用等，构建新型调蓄经济植物湿地对低污染水进行调蓄净化。根据湖滨区生态空间进行集成，按照"外圈缓冲带低污染水调蓄净化"到"内圈湖滨带生境改善与生物多样性恢复"的技术链条，形成湖滨缓冲带生态修复成套技术（储昭升，中国环境科学研究院）。

4. 湖泊生境改善技术

1）有毒有害及高氮磷污染底泥环保疏浚技术

污染底泥控制已经成为太湖水污染防治重点，底泥环保疏浚是修复水体环境的一项重要途径。由于我国底泥环保疏浚技术在几大关键环节上都存在着技术瓶颈，包括表层流态底泥采取率低、取样原状率低、疏挖过程扰动剧烈、二次污染风险大、堆场干化困难、占地面积大及缺乏处理处置有毒有害底泥技术等，没有形成系统的环保疏浚技术体系。针对以上问题，中交上海航道勘察设计研究院有限公司联合中国环境科学研究院研发了有毒有害及高氮磷污染底泥环保疏浚关键技术，包括勘测鉴别、疏浚输送、脱水干化及处理处置的底泥疏浚全链条。该技术通过测量精确定位技术与原状取土技术的组合，实现底泥原状精确勘测，对底泥营养盐、重金属及有毒有机物进行鉴别评估，确定疏浚范围和深度；采用原状高浓度水平精确薄层疏挖装置对底泥精确水平薄层疏挖，疏挖过程实现水下全封闭，疏挖装置连接高浓度泥浆泵将高浓度泥浆输送上岸；堆场实施负压直排完成快速脱水干化，余水经絮凝处理满足排放标准，有毒有害污染底泥经过无害化处理填埋，高氮磷污染底泥进行农田或林业资源化利用。

2）湖泊草型清水稳态构建

草型清水态构建与维持是实现湖泊生态系统健康稳定的关键步骤，沉水植被恢复是实现浊清转换的重要前提。针对滇池草海藻类大量生长、水体透明度降低、清水态初期不稳定、丝状藻滋生、水生生物多样性低等问题，首先从生境改善入手，研发了水质改善和透明度快速提高技术，结合适度的生态水位调控，解除了制约沉水植被生长繁殖的光限制；在生境改善基础上，采用自然恢复为主（种子库恢复）、人工恢复为辅（人工引种）策略，不同水深和透明度梯度下恢复不同沉水植被类型，构建适宜种群类型，优化群落结构，实现沉水植被的规模化恢复，构建草型清水态；在清水态建立后，根据草型清水态系统稳定过程中藻类和沉水植物种类及生物量变动特征，研发丝状绿藻控制、水生生物群落优化和沉水植被生物量合理控制等技术，促使建立的草型清水态能够稳定维持和长效运行，恢复以水生植被为主体的、促进生态系统健康、兼顾生态效益与经济效益协调发展的水生态系统（肖邦定，中国科学院水生生物研究所）。

草型清水态构建与维持技术主要包括沉水植被恢复的主要限制因子识别、研发透明度快速提高、藻类生物量控制等生境改善技术、在此基础上进行沉水植被规模化扩增、湖内生态综合调控等实现草型清水态构建与维持。该技术在滇池草海示范区（6 km^2）内实现由藻型浊水态向草型清水态的转换，恢复沉水植被盖度40%以上，使水质和自然生态景观得到明显改善，生物多样性提高。

3）蓝藻水华控制技术

受人类活动频繁、入湖污染负荷加重的影响，湖泊出现富营养化趋势。在富营养化初期水生态系统退化先于水质恶化，表现为水生植被面积萎缩，群落结构简单化，藻类生物量高，局部湖湾藻华易堆积，土著或特有鱼类丧失，鱼类群落结构小型化，控藻效率降低。藻类生物控制与水华应急处置技术针对鱼类控藻效率低、藻类密度高且水华易发等问题，利用水生生物食物关系及机械打捞、物理除藻等不同藻华防控技术的组合，实现蓝藻水华的长效防控。其中水华应急处置技术克服了传统絮凝技术中絮凝体只能下沉的技术不足，其絮凝体上浮有利于藻华的打捞出水。移动式陷阱和仿生式机械打捞集成技术突破了传统技术只适应高浓度藻华打捞的技术应用范围，能够适应洱海蓝藻水华的低浓度、间发性、易受风和水流影响等特点，对蓝藻水华具有较高的拦截效率和浓缩效果（倪乐意，中国科学院水生生物研究所）。本项技术在洱海红山湾进行了示范应用，已于 2016 年全面完成并投入运行，其中"水华应急处理技术示范"通过拦截装置使叶绿素 a 浓度削减 50.61%；"藻类控制技术示范"自 2016年 9 月至 2017 年 2 月，示范区内藻类生物量平均为 3.41 mg/L，比基础年降低 21.06%。

5. 流域综合管理及监控预警技术应用

1）流域综合管理

自 20 世纪 30 年代美国成立世界上第一个流域综合管理机构-田纳西河流域管理局以来，西方发达国家都在建立适合本国的较为完善的流域管理体系，应该管什么、谁来管、如何管，即在流域管理的目标、体制、方法等重要方面进行了有益的探索，并积累了成功的经验（杨桂山等，2004）。表 6.3 简单总结了国内外典型流域管理模式及其经验与启示。

表 6.3　国内外典型流域管理模式及其经验与启示（杨桂山等，2004）

	管理机构设置与模式	经验与启示
欧洲莱茵河流域	较早实现国际协调管理的河流，百余年来沿岸各国签订了众多的公约、协定和法规，建立了种类繁多的跨国管理机构，发挥组织协调、依法管理作用。1950 年建立的"莱茵河国际保护委员会"（ICPR）开创了国际合作联合治理污染的新模式，ICPR 下设监督机构与各种专业组，各国成立相应机构，成效显著	① 预防为主、源头治理优先，制定严格、明细的规定，规范流域开发行为。 ② 注重流域管理措施落实的实时监控与效果评估，及时调整。 ③ 注重增加城市、农业区的蓄水能力，减少雨水流失。严禁在洪泛平原进行开发和占用河床空间。 ④ 提出河流生态系统管理新概念，重视河流健康功能，兼顾社会经济因素，利用现代科技的支持
美国密西西比河流域	多层次多部门的各种机构组织相互配合的流域综合管理，机构众多，包括军队与联邦政府，州政府相关部门代表组成的机构组织，还有非政府组织。各单位分工明确，形成互补关系，避免因工作重复造成矛盾。若干不同层次的协调组织，协调各方的利益	① 加强法治建设，制定一系列流域管理相关法规，约束流域各利益方的行为。 ② 以子流域为单元的全流域综合管理，通过各个机构信息共享及密切合作来实现。 ③ 重视非工程措施，而不是单纯依靠工程技术

续表

	管理机构设置与模式	经验与启示
澳大利亚墨累-达令河流域	建立了有效的组织机构系统,由三个层次组成,第一层为国家一级的部级理事会,为最高决策机构,第二层为部级理事会的执行机构,包括流域委员会及其办公室,第三层为社区咨询委员会,负责理事会和社区之间的双向沟通,强调公众参与流域管理	① 流域管理的权威应建立在协商机制上,方案制定阶段的充分参与是落实协议的关键,有效的组织机构系统是落实协议的保证。 ② 在水分配中,引入新的理论与方法,通过水政策改革土地权与水权分离,提供可贸易的水,形成水市场。 ③ 流域管理过程的科学化、民主化、透明性与公平性
中国鄱阳湖流域	以省有关部门、地市主要领导参加的"山江湖开发治理委员会"作为流域决策指挥、统筹规划与综合协调机构,定期议事,对重大工程项目进行研究、决策、并协调各行业、地区的行动。各地市、县建立分支机构,形成多层次指挥、协调网络体系	①打破条块分割,采用统一指挥、统筹规划与综合协调办法,以流域为单元进行开发治理。 ②治山、治水与治穷、治愚的互动与合力。保证总体规划的实施,引进参与式发展与小额信贷机制,提高流域管理水平。 ③建立政府调控与市场机制相结合的资源管理机制,加强监督、执法

2）蓝藻水华预警技术

国内外针对湖泊蓝藻水华预测已有较多研究。Reynolds（1987）认为在藻类数量达到一定程度后，水华会在适宜的水文气象条件下出现；Spencer等（1987）的研究表明光照条件对蓝藻浮力调节与上浮聚集、漂移乃至水华形成有着密切关系。对太湖的研究发现，水温和总磷为梅梁湾藻类总生物量的显著相关因子（陈宇炜等，2001）。有研究表明较高的温度条件下能导致水华的发生，因此通过气象条件和营养盐的来源可以预测水华的发生（Ochumba et al.，1989）。也有研究表明，可以根据水温、pH、气象条件、藻类生物量、数字模拟以及卫星影像数据来预测水华的发生（马荣华和戴锦芳，2005；段洪涛等，2008；Hu et al.，2006）。很多水华和赤潮事例表明，当其他条件具备时，若天气形势发展比较稳定，水域风平浪静，阳光充足并闷热，就有可能发生水华或赤潮。

欧盟1999年曾经开展了蓝藻水华的检测、监测和预报等研究，拓展了遥感技术对藻华发生的预测途径（Cracknell et al.，2001；Recknagel，1997）。日本科学家利用人工神经网络对Kasumigaura湖研究结果显示，叶绿素a的浓度可以表征藻类的总生物量，并可以对藻类水华进行预测（Wei et al.，2001）。Teles等（2006）利用时间序列的人工神经网络，根据近年的理化和生物资料建立模型，对Crestuma水库进行蓝藻丰度变化预测，得到了很好的结果。利用卫星遥感影像的结果，Chang等（2004）通过多重线性回归分析，建立了经验模型，对台湾的Techi水库的硅藻数量以及硅藻水华进行预测，其预测准确性可达到74%。林祖亨和梁舜华（2002）根据1997～2001年大亚湾澳头水域赤潮检测资料的统计分析，发现潮汐、风向、天气情况和水温是赤潮发生的重要因子，据此建立了多元回归方程，并绘制了赤潮的生物变化趋势图，可以根据现场的生物观测资料分析，预报是否会发生赤潮。Wu 和 Wang（2002）对渤海赤潮建立了三维的生态水文模型，并利用 1982~1983 年和 1992~1993 年的资料进行校正，结果表明富营养化是藻类生长的基本条件，而 1998 年异常高温引发了藻类暴发。利用模型被认为是研究及预报水华的有效手段，采用包含磷酸盐浓度、物理条件和蓝藻最大生物量等三个相关体系的模糊逻辑模型预测水华发生时的最大生物量（Saint-Aubin Leblanc，2006），但由于其参数繁多，且不易确定等缺点限制了其使用，仍然处于研究阶段。美国航天局采用卫星技术进行水华监测，美国海洋与气象局开发的水华暴发预测系统，试图监测和预报墨西哥湾赤潮，有赤潮的季节，每周预报 2 次。

　　从国内外蓝藻水华预测预警的研究工作可以发现，蓝藻水华是可以进行预测预警的，目前在大洋和近海海域蓝藻水华的预测预警已经取得明显进展，并且取得较好的预报效果；浅水湖泊蓝藻水华发生的机制研究已有一定的进展，具备了蓝藻水华暴发预测预警的理论基础。目前相对比较成熟的气象和水文监测方法可以提供相对比较准确的蓝藻水华发生预测所需要的水文气象信息，遥感、地理信息系统技术可适时捕捉和分析蓝藻水华空间分布，数值模拟技术可基于水华发生机理和外部条件，对蓝藻水华空间分布进行预测。

　　2007 年 7 月起中国科学院南京地理与湖泊研究所孔繁翔等对太湖蓝藻水华进行正式预测预报，每半周进行一次，预测内容为未来 3 天内太湖重要水源地梅梁湾、贡湖湾以及大太湖叶绿素浓度的分布格局，说明水华发生的概率及其水域。预测预报一直延续到 2007 年 10 月 31 日，共发布 32 份太湖蓝藻水华预测报告。2008 年 4 月 17 日至 10 月 31 日，共发布蓝藻水华预报 54 期，同样是每次预报未来 3 天。同时通过卫星遥感获得每天全湖蓝藻水华实际发生及分布情况，并做出遥感监测报告。2007 年和 2008 年未来 3 天的蓝藻水华发生概率预测的准确性在太湖为 88%和 95%，在贡湖和梅梁湾为 60%~84%之间。而在不同湖区中蓝藻水华发生具体地点的预测，在太湖相对比较低，在贡湖湾和梅梁湾则介于 60%~84%。这可能是由于目前用于水华预测的未来全太湖水文气象数据每天仅有一个均值，而对于近 2400 km² 的太湖，实际上在不同湖区之间其风场状况却有显著差异，导致其蓝藻水华的形成情况有所不同（孔繁翔等，2009）。

6.2.3　我国湖泊生态修复技术发展

　　我国湖泊面源污染治理和生态修复技术发展呈快速增长趋势，但依然存在薄弱环节。特别是针对不同流域不同农业生产和农村生活方式下如何构建种养生管一体化控制技术模式，以及明确农业源的水体污染规律，提出精准的农业农村源系统控制方案，还需要进一步研究；河湖生态修复方面虽已取得了较大成效，但我国大范围生态退化的格局尚未根本性改观，且民众对水生态环境的期望值日益提升。距离水清岸绿，鱼翔浅底的水生态要求依然有较大差距，河湖生态修复尚有重大科学问题和技术难点需要探究。

1. 水生植物修复技术

目前关于沉水植物净化富营养化水体的研究主要集中于不同种类沉水植物对富营养化水体净化效果的比较分析等方面，关于其净化机制和修复技术应用等研究也取得了一定的研究进展，但关于沉水植物退化机制等方面的研究却有待加强。随着水体富营养化程度的不断加剧，湖泊生态系统的结构和功能必然发生明显变化，致使沉水植物逐渐退化，浮游藻类逐渐占据优势，最终导致草型湖泊生态系统向藻型湖泊生态系统转变。因此，藻型-草型湖泊生态系统稳态转换机制是一个重要的研究方向。针对不同类型的湖泊，应通过野外长期定位实验或室内模拟实验，阐明沉水植物的退化或消亡机制，分析影响藻型-草型湖泊生态系统转换的关键因子和驱动力，有助于依据湖泊所处阶段有针对性地采取消减污染源和修复沉水植物等治理措施，以期稳定恢复草型湖泊生态系统的清水稳态。

另外，应从沉水植物退化机制出发，充分考虑富营养化水体的特点及沉水植物的生长适应性，并结合沉水植物的生长周期和生态位等特点，确定最佳种类组合及群落配比，因地制宜开展富营养化水体修复。同时，还应加强沉水植物与微生物协同作用过程及机制研究，进而揭示微生物对富营养化水体中营养物质的降解和转化机制，以期筛选出功能微生物并研发出具有高效净化作用的沉水植物与固定化微生物的联合方式。为了实现同时净化多种有机物的目的，可将多种真菌和细菌等结合起来形成复合菌群，研发多功能复合水体修复系统，加速修复技术的推广应用。总之，随着对沉水植物净化和富营养化水体修复的机制和技术的不断深入研究，有望广泛利用沉水植物群落重建和恢复健康水生系统。

2. 微生物修复技术

针对现阶段富营养化水体生物修复技术的发展状况，水生态修复技术体系中微生物研究还存在以下问题：①不同水质状况下，微生物对水体生物修复处理效果的影响尚未研究清楚；②很难建立不同水质情况下，各水质指标在水体生物修复过程中与微生物的相关性，并有效评测其修复状况及效果；③水体生物修复系统中微生物修复体系的建立尚缺少针对性和多样性。因此，对于水体微生物的研究应成为今后深入研究的重点，应加大力度研究生态修复体系不同修复阶段所需微生物的种类和数量、有效微生物菌群制剂投加、微生物菌群的优化调控技术等内容，可为富营养化水体生态修复的普及和发展带来新的动力。

3. 除藻技术

藻类水华的频繁暴发给生产和生活带来了极大困扰，而国内外对于藻类去除的研究主要集中于单一的物理、化学或生物方法。单一技术虽然在不同程度上都能起到一定的去除效果，但同时也存在一些缺陷或不足，且不同方法效果差异较大。权衡社会、经济和环境效益等综合因素，应在多种方法的集成创新上开展深入研究，开发除藻集成技术或除藻新技术，包括浮上式除藻技术、改性黏土矿物除藻技术及其收集装置的有效结合，将是未来除藻技术主要研究方向。

4. 蓝藻水华预警技术

卫星遥感一直在湖泊等内陆水体监测方面发挥着不可替代的作用。但是现有卫星主要针对陆地和海洋，并没有针对湖泊等内陆水体的遥感卫星，存在高时间分辨率数据空间分辨率低、高空间分辨率数据时间分辨率低以及绝大部分传感器性能并不完全适合湖泊水体特点。现有条件下，可以加强多星联合监测研究，满足当前需要。但随未来卫星负载研制和发射成本的降低，需要专门设计针对湖泊的专用传感器和负载，特别是静止卫星，或小卫星集群，甚至航空气球，充分发挥卫星大范围、周期性的特点，研制高空间分辨率、高时间分辨率（一天至少大于两次观测）及适合水体特点的波段和高信噪比的传感器，满足湖泊观测需求。

无人机在某种程度上弥补了卫星遥感的缺陷，可针对小范围区域快速监测，但目前无人机受制于载重和传感器限制，更多的是用于拍照或录像。虽然高广谱传感器等已经成熟，但成本高昂，数据处理复杂，目前离业务化运行还有段距离。随着传感器小型化和性能提升，无人机续航能力加强，数据快速处理能力显著提高，必将在水环境监测领域发挥关键作用，最终希望达到所见即所得的理想效果，即飞机飞过水体，水质自动成像，看到的不再是单纯的影像数据，而是直接显示关注的水质浓度信息。随着多光谱，甚至高光谱传感器的发展，如果岸基视频监控发展成岸基高光谱成像监控，实现从定性到定量的突破，将显著提高观测能力，有望发展成全息扫描系统，通过连续的成像光谱观测，实现水质的连续观测。自动浮标是未来最有望实现突破的技术，目前自动观测的主要问题是探头成本，特别是维护成本较高，耗费大量的人力物力，而且部分探头需要配置较大外设装置，站点和观测参数有限，数据质量不稳定，未来应该围绕探头小型化、自动化、易维护、高性能目标发展，满足湖泊水质更多的观测要求，未来需要结合大数据和云计算等技术，把各观测手段获取的信息有效整合，从数据展示发展到数据智慧管理，为湖泊水环境监控和应急预警服务。

6.3　本章小结

我国湖泊富营养化严重，已经严重威胁水环境安全，制约了流域社会经济的可持续发展。通过梳理我国不同类型湖泊治理需求及经验，提出了由"清水产流机制修复技术、流域污染源系统治理技术、入湖河流治理及湖滨湿地修复技术、湖泊生境改善技术与流域综合管理及监控预警技术"的技术体系，并分析了其技术应用情况，主要包括对水源涵养林建设和水土流失防治、农业面源污染一体化控制技术、污染河流梯级序列强化净化技术、湖滨缓冲带低污染水调蓄净化与构建技术、湖湾生境改善与生态修复成套技术与流域综合管理措施及蓝藻监控预警技术。

简述了湖泊保护治理技术，主要包括湖泊生态修复技术发展及其阶段性特征，国外主要概述了日本琵琶湖、霞浦湖、德国博登湖和北美五大湖治理过程及生态修复技术发展。国内主要梳理了从"十一五"到"十三五"期间湖泊生态修复技术发展状况，并总结了湖泊生态修复技术发展趋势及不足和研究展望。

第7章 湖泊生态修复工程的维护管理问题及技术需求

虽然我国湖泊生态修复取得了一定的成效,但许多湖泊生态修复及保护工程的规划、设计、实施和可持续性等方面都存在较大不足,包括管理不全面、不系统,管理机制不健全、管护工作严重滞后,管理手段落后、基础工作薄弱等问题。现有修复工程管理,在资金供给方面,强调了政府投入,但缺少对各级政府资金供给的责任和义务的衡量,尤其是定量评估。对修复工程各项效益在各受益主体之间的分配也缺乏探讨。修复工程运行管理模式研究中,强调了责任体系的建立,对具体的激励-约束机制也有研究,但对激励-约束机制下主体行为响应缺少研究,且尚未把具体激励-约束机制与管理效果联系起来综合考虑。

7.1 湖泊生态修复工程的运行维护管理问题

7.1.1 资金保障问题

1. 政府财政投入难以满足资金需求

目前,大多数湖泊环境治理主要依靠政府投入,但往往政府财政资金远远难以满足流域治理项目所需,对于财政困难地区,配套治理资金难以落实,规划期间实际投资远不足以规划投资。由于资金短缺,筹措渠道不畅,资金到位晚,治污工程建设普遍滞后。虽然目前已初步形成了由多元投资主体和多种渠道及手段组成的投融资格局,但从各投资主体和手段的作用与贡献看,传统模式仍未发生根本性变化。除了有限的政府财政资金、尚不健全的环境相关收费和企业自筹资金等渠道外,其他投资主体和向社会筹集资金的商业融资手段的应用严重不足,而大量社会资金无法或由于各种政策障碍不愿意进入。尤其是纯公益性项目,缺乏现金流支撑,社会融资和企业投资的可能性较小,项目本身难以在当前金融形势下取得市场性资金支持,仅靠政府投资实施项目难度较大。

2. 多元化投融资机制建立面临诸多困难

虽然滇池、抚仙湖、洱海等湖泊均已单独成立了保护开发投资公司,在投融资方面也有了一定进展,但并未有效解决湖泊治理资金短缺问题,多元化融资机制面临诸多困难和挑战。①投资压力巨大，融资渠道收窄，面临形势严峻。随着国家不断加强对地方政府平台公司融资的管控，金融机构对地方政府平台公司的支持力度受到制约，资金成本不断提高，市场对资金渴求的矛盾日益突出，可开展的融资空间大大地缩小。此外，湖泊保护治理多为公益性项目，无现金流支撑，难以在当前的金融形势下取得市场性资金支持，融资面临的金融形势也越来越严峻。②投融资公司没有真正发挥市场化独立运作的功能，主要依靠政府设定项目，财政信用担保，取得银行贷款，划归财政统筹后拨付使用，到期由财政还本付息，市场化运作程度不高。③融资结构不合理，过度依赖银行贷款，国有资产抵押难以实现贷款，基本没有发挥直接融资的功能。④投融资公司资源配置不足，承担的公益性项目融资没有获得相应的资源配置，导致缺乏稳定的现金流、盈利能力及偿债能力，债务压力巨大。随融资任务量不断加大，可供开展投融资的存量资源严重不足，污水处理收费特许经营权、土地资源等资源较为有限，随融资任务不断加大，进一步融资变得困难，难以满足湖泊治理资金需求。以滇池为例，仅从偿债的角度出发，2013年滇投公司需偿还到期债务近60亿元，从2014年起预计每年需偿还到期债务约60亿元，该公司在没有新的增量资源补充情况下，不得不以"借新还旧"、自有资金调剂的方式来确保到期债务偿还。随融资任务量不断加大，偿债压力也会不断增加，债务总量也呈上升趋势。

3. 环境相关收费制度与市场机制不健全

湖泊相关资源保护费收取机制尚不健全，缺乏相关收费条例依据，收费标准尚未明确。现行的收费标准不能合理反映水资源的价值和供水、污水处理成本。此外，市场化方式建设和污水及垃圾处理设施运营的前提条件不充分，对民间资本缺乏吸引力。同时，相关收费政策的权威性不够，收费政策中对拒交费者没有行之有效的惩处措施和手段，导致收费落实较为困难。目前湖泊生态补偿工作尚未全面开展，"谁破坏，谁补偿"仍未明确补偿对象、补偿范围、补偿标准，同时大多数重要湖泊并未纳入全国生态功能区划中，无中央生态功能区转移支付资金，仅靠政府预算安排、资源保护费收取及自筹资金难以满足湖泊治理所需。

7.1.2　管理及激励问题

激励机制是调动修复工程管护人员积极性的方法和手段，激励机制直接决定修复工程长效运行效果，目前激励机制存在的问题主要体现在以下方面。

1. 行政激励不当

在我国现行的地方治理结构下，行政激励对于地方政府及其公务人员都具有很强的激励作用。但是在生态工程运行管理的过程中，上级政府对地方政府的行政激励明显缺乏效力，造成地方相关政策不可持续性现象突出。问题主要出在三个方面：一是激励政策过于随意。虽然上级政府明确规定了行政激励的标准以及方式，但由于信息不对称，上级政府很难对地方形成有效的监管，行政激励带有主观随意性。二是激励的手段过于单一。由于我国政府长期受到计划经济体制的影响，对所有员工采取的是"一刀切"的激励手段，对表现优异的公务人员简单地采取"提名—开会—表彰—总结"单一的精神激励方式，忽视了与生活水平密切相关的物质激励，如计划提薪、在职消费、医疗保险、住房补贴等，这种激励手段严重打击了工作积极性，对生态工程运行持敷衍态度。三是短期激励过强。从行政激励的效果来看，最有效的就是职务晋升。长期以来，我国行政机构的职务晋升大都采取任期制的形式，根据管理者任职期间的付出、表现及业绩进行嘉奖，这种措施很容易造成长期激励不足，短期激励过强的局面。

2. 制度环境激励不足

所谓制度环境激励是指在地方层面通过构建科学合理的规章制度，营造和谐创新的文化氛围，调动广大成员的积极性和创造性，努力实现生态工程运行管理的政策目标。它也是激励机制产生良好效果的重要因素之一。从目前的情况来看，激励机制的缺乏主要体现在三个方面：首先是宣传力度不够。当前各地区之间缺乏良好的修复工程管护文化氛围，在地方层面还没形成加强生态工程投入的共识。其次是地方之间缺少技术合作意识，包括工程建设技术以及运行管理技术。运行管理技术是修复工程运行管理的核心要件，但经营技术交流途径的缺乏，导致低效率工程运行管护的现象。从某种意义上说，产生这种问题的原因是缺少合作交流环境的熏陶。再次就是缺乏技术创新奖励制度。需要建立一个学习型、创新型的文化环境，需要有较为完善的管护经验技术创新奖励制度，但大多地方政府仍未从优化环境入手制定相关激励政策，对修复工程长效运行有突出贡献的技术人员实行鼓励和支持，这打击了他们进行技术创新的积极性。

7.1.3　法规与机制问题

1. 法律约束不足

完备的法律制度不仅是构建有效约束机制的重要基础，也是修复工程的制度保障。现阶段地方政府在修复工程运行管理层面，法律约束薄弱，造成工程管护责任主体法律责任不明。部分地方官员会致环境保护与生态建设于不顾，法律约束机制软弱无力。同时存在执法不严，违法不究的现象。

2. 行政规范不力

地方政府要实现可持续发展目标，必须以职能转变为核心，加强社会管理能力建设，坚持以生态效益优先、社会效益为主、经济效益为辅的发展原则。然而，地方政府出于对自身利益最大化的追求，在修复工程运行管理的过程中，一些地方官员的行政行为和行政规则表现出明显的政绩取向性。由于行政约束不力，地方政府修复工程运行管理遇到瓶颈。从本质上讲，修复工程是公共物品，不会带来经济增长，部分地方政府过多地重视的是地方经济发展，忽视了当地环境治理和生态建设。在事关本地未来生态环境保护和修复的工程管理活动中，既没有组建必要的工程管护协会，也没有制定工程管护规划，甚至没有给予工程运行管护足够的财政支持，或安排专门负责工程管理人员和组织。

7.1.4　管护问题

污染严重的湖泊通常位于人口相对集中的区域，湖泊生态修复工程建成后，受当地周围居民及环境影响较大，致使管理现状不容乐观。

1. 水生植物水面覆盖率过高

水生植物配置是湖泊氮磷拦截治理工程中重要的组成部分。工程建成后，由于缺乏科学合理的管护，引入该区的水生植物或被周围居民清除，或剧烈蔓延，或因不适应环境而逐渐消失，这就导致引入的景观水生植物失去景观效果，且造成经济损失。例如当漂浮植物蔓延至整个水面时，水体中的大气复氧通道将被阻断，造成水中溶解氧含量迅速下降；同时，漂浮植物迅速生长繁殖，加剧了水中溶解氧的消耗，水中的动物因缺氧而不能存活，湖水自净作用丧失，水质恶化严重，最终水体出现黑臭等水生态退化现象。

2. 岸坡土地利用不合理

生态护坡是一个动态平衡的系统，系统内的生物之间存在复杂的食物链关系，维持着系统内的动态平衡，良好的岸坡结构可为水体健康提供保障。对于配置了岸坡结构的修复工程，利用岸坡土地植草种树，形成格方或草林系统。修复工程岸坡系统建成后，由于缺乏管理，岸坡多处可见围垦种菜，圈养家禽等现象，岸坡配置结构已被人为破坏，造成土地利用不合理。因岸坡靠近水体，围垦种菜，圈养家禽，施用的农药化肥和家禽产生的畜禽粪便易随地表径流进入水体，污染水质，加剧水体富营养化。此外，岸坡草林系统中杂草丛生，生活垃圾随处可见，也影响岸坡的整洁美观。

3. 工程设施不完整

工程设施的牢靠度、完整性直接影响修复工程的正常运行。如生态浮床倒塌、破损现象严重，会导致水体氮磷去除效果大大降低。其他的工程设施破损现象主要有污水收集管破损、岸边设置的生态治理工程公示牌被人为清除等。

7.1.5 公众参与问题

要实现湖泊生态修复工程运行管理的良好运行，既需要地方政府和地方企业的共同努力，也需要广大民众的踊跃参与。当地居民能从水质改善中直接受益，是与修复工程联系最紧密的利益相关者，但通常存在公众参与渠道不顺畅的问题。

1. 缺乏参与权利

长期以来，我国民众特别是边远地区民众受到传统的"官本位"思想影响，缺乏权利意识，不愿参与的现象比比皆是。湖泊生态修复工程实际运行过程中，政府部门习惯于将制定工程运行规划、确定制定相关政策等作为自己的权利，并没有建立科学合理的法律法规保证民众的参与权。

2. 缺乏参与平台

激发民众参与热情，必须建立畅通无阻的交流平台。但民众参与渠道仅限于来信来访、听证会等形式，即使部分民众有心参与，也缺乏互动交流平台。

3. 缺乏参与意识和行为

对于修复工程，大多数人的参与意识淡薄，缺乏积极的参与行为，盲目认为修复工程的管理完全是政府的事情。

4. 缺乏领导组织

要实现湖泊生态修复工程长效运行，不能单靠个人力量，必须借助组织力量。国外发达国家就将非政府组织作为参与激励的有效组织方式。但就我国来看，极其缺乏既能监督政府管理活动，又能组织广大民众参与的强大力量。

7.2 湖泊生态修复工程运行维护管理技术需求

湖泊生态修复工程运行维护主体应为多部门联合管理，国土规划、财政、环保、城管、农业、林业、园林、水利等部门按照各自职责协同管理。应将湖泊修复和日常维护管理纳入年度绩效考核，实行目标管理。进行修复工程维护管理的同时，也应控制上游及外源污染物和人类活动干扰。湖泊生态修复工程运行维护管理一般要求应包括工程设施的维护管理，湖泊植被群落的管理与养护，人为活动管理，受损湖泊水质、底泥、生物指标定期监测，工程运行与管护记录等。

7.2.1　运行维护管理主要内容

1. 工程设施维护管理

（1）管理单位或管理责任主体应制定工程设施维修养护制度，明确修复工程日常养护的项目、内容、方式、频次、质量标准、考核办法以及工程维修项目实施的程序、检查、验收等管理要求。

（2）对工程区内拦污设施、净化设施以及护岸等工程设施进行定期维修养护，当发现功能出现障碍或有损坏时，要及时进行清理和维护，及时修补表面缺损，保持设施的完整、安全和正常运用，发现严重问题时要及时报告相关管理部门并采取必要的管护措施。

（3）运行维护管理人员应按要求巡视检查构筑物、设备、电器和仪表的运行情况。对构筑物的结构及各种闸阀、护栏、爬梯、管道、支架和盖板等定期进行检查、维修及防腐处理，并及时更换被损坏的照明设备，特殊设施做好保温。确保观测设施与其保护设施完好，能正常进行观测；确保标识标牌字迹清晰，无丢失或损坏现象；确保管理房结构安全，无损坏、漏雨现象；确保照明设施工作正常，保护设施完好；若有防护林木，则确保无死亡和缺损现象。

（4）管理单位或管理责任主体应定期开展维修养护的检查工作，并进行记录。

（5）各修复工程应有工艺系统网络图、安全操作规程等，并应示于明显部位；在构筑物的明显位置配备防护救生设施及用品，并定期检查和更换；有电气设备的车间和易燃易爆的场所，应按消防部门的有关规定设置消防器材。

2. 植被群落管理

（1）一般生态沟渠底淤积物超过 10 cm 或杂草丛生，严重影响水流的区段，要及时清淤，保证沟渠的容量和水生植物的正常生长。农田排灌沟渠清理要保留部分植物和淤泥。

（2）对生长较好区植被进行保育，对生长过于旺盛区植被及时收割，对所有植被在枯死期进行收割移除，对长势较差区植被及时补植，对所有植被进行病虫害的防治，对工程区内外来物种进行严格控制和清除。

（3）在水质净化功能区，对于植被生物量过大的局部区域，在生长旺盛期（7～8 月）进行适当收割调整，保证水生植物有合适现存量，起到良好抑制藻类生长、吸收、吸附和拦截营养盐及颗粒物的作用；在植被枯死期，实施收割并将植物残体及时移除，防止水生植物死亡后沉积水底发生腐烂，向水体释放有机物质和氮磷，造成二次污染。

（4）病虫害防治以防为主，早观察、早发现，要防早、治小，将病虫害控制在发展初期。慎重对待病虫害，科学防治，尽量采用生物控制的方法，利用虫害天敌等驱虫治病，减少农药施用量，保护环境。

（5）及时清除外来入侵物种，防止对当地生态系统产生危害。

3. 运维人员及制度管理

（1）运行维护管理人员必须熟悉修复工程设施设备运行要求、技术指标、维修规定。

（2）各岗位的操作人员应按时做好运行记录，数据应准确无误。

（3）操作人员发现运行不正常时，应及时处理或上报主管部门。

（4）各岗位操作人员应穿戴齐全劳保用品，做好安全防范工作。

（5）维护过程中应遵守岗位职责，坚持做好交接班和巡视工作，安保人员需严格执行经常性和定期性安全检查工作，及时消除事故隐患，监测人员应定期对目标湖体水质进行检测和记录，清洁人员则需定期清理工程区内垃圾、枯枝落叶等废弃物。

（6）工程维护人员需在运行前制定设备台账、运行记录、定期巡视、交接班、安全检查等管理制度，以及各岗位的工艺系统图、操作和维修规程等技术文件，熟悉处理工艺技术指标和设施、设备的运行要求，经技术培训持证上岗。

4. 人为活动管理

（1）定期巡查并防止居民对植被采收、设施装备破坏等人为损坏的活动。定期巡查并禁止工程区的放牧活动。定期清理工程区垃圾、水生植物残体。

（2）修复工程区域设置警示牌禁止大型人为活动。敏感区域规定可通行路线，必要时可采取封禁治理，修复区内制定封禁范围，设立封禁宣传牌。

（3）利用电视、报刊、广播、宣传牌、宣传单等形式进行生态修复工程宣传，使市民意识到生态修复的重要性，提高群众投入或参与湖泊生态修复工程建设中的自觉性和积极性。

5. 工程运行记录管理

（1）工程运行记录应如实反映工程设备、设施、工艺及生产运行情况，应包括化验结果报告和原始记录；各类设备、仪器、仪表运行记录；运行工艺控制参数记录；生产运行计量及材料消耗记录；库存材料、设备、备件等库存记录。

（2）工程运行维护人员应有真实、准确、字迹清晰且用碳素墨水笔填写的值班记录，应由责任人签字；记录应由相关人员审核无误并签名确认后方可归档。

（3）维护、维修记录应包括：电气、仪表、机械设备累计运行台时记录；电气、仪表、机械设备维修及保养记录；设施维护、维修记录；运行管理中应建立健全电气、仪表、机械设备的台账。

（4）交班人员应做好巡视维护、工艺及机组运行、责任区卫生及随班各种工具使用情况等记录；交接双方必须对规定内容逐项交接，双方均确认无误后方可签字；接班人员应对交班情况做接班意见记录。

（5）当遇有事故处理或正在工艺、电器、设备操作过程中，暂不交接班，接班人员应协助交班人员处理后方可交接；由交班人员整理工作记录，接班人员确认。

（6）遇到异常情况，应在交接班记录中详细记录。

7.2.2　运行维护管理办法

1. 入湖污染物拦截及生态控制工程运行维护管理

入湖污染物拦截及生态控制工程指入湖河流污染控制及面源污染拦截与控制工程，具体技术主要包括前置库工程和入湖河口人工湿地等。

1）前置库工程长效运行与维护管理

（1）在前置库长效运行过程中，定期对河道、库区、坝区、湿地区植物的补种、抚育、病虫防治；秋季及时进行植物的收获、割刈、清理；根据情况及时对生态库塘内生物浮床进行重新布置；按照前置库系统的运行控制要求有效控制闸站。

（2）适时记录气候变化、闸门关启情况，水位变化、水质变化、周围鱼塘向库区排放水的时间和水量等情况，以及非正常气候条件对植物的影响。

（3）切实加强畜禽养殖污染治理，积极推广集中养殖、集中治污。湖泊保护区内禁止新建规模化畜禽养殖场和发展水产养殖，现有养殖场要进行搬迁和调整压缩。

2）入湖河口人工湿地工程运行与维护管理

（1）湿地植物管理。根据不同的植物类型，在其生长茂盛、成熟后应对植物进行及时收割，并处理和利用。一般植物的收割时间为上半年的3～5月份和下半年的9～11月份。防止湿地内其他杂草滋生，对已生长的杂草应及时清除；需及时清除植物的枯枝落叶，以防止腐烂造成污染。暴风雨后，湿地床上植物发生歪倒，要及时扶培，排除积水。对不耐寒的植物在冬季来临之前做好防冻措施或及时收割掉，降低负荷。

（2）各湿地运营管护单位应当做好日常管理，保持环境干净整洁；定期进行花草树木的修剪、病虫害防治等；维护、保养、更新安保设施，排查安全隐患、制作安装安保温馨提示牌等；劝阻入湖河口湿地范围内乱停车、影响交通秩序的行为；对入湖河口湿地范围内占道经营、乱堆、乱放、乱摆现象行为进行规范；维护管理基础设施，确保正常使用。

（3）禁止在入湖河口湿地进行下列活动：乱扔垃圾；在景物或者设施上刻划；在非吸烟区吸烟；未经批准用火；随意摆摊设点；损毁花草树木和基础设施。

2. 湖滨缓冲带生态修复工程运行维护管理

1）植物维护管理

A. 植物管理及养护

沉水植物的管理及养护要求：及时清除水体表面的植物及非目的性沉水植物；沉水植物长出水面影响景观时，应进行人工打捞或机割；对于浮出水面的死株，应及时清除；对于成活率不能达到设计要求的要进行补植，补植方法同设计种植方法；根据沉水植物种类的不同，一年收割 1 次，收割时间为枯萎 1 周内开始收割，收割方式为机收割或人工打捞；台风、大风大雨天气后 2~3 天，检查沉水植物的冲毁情况，如有冲毁，及时补植。

挺水植物的管理及养护要求：每周巡查两次，及时修剪枯黄、枯死和倒伏植株，及时清理滨岸带挺水植物周围的杂物或垃圾；每半月检查一次植物的生长情况，并及时补植缺损植株；定期去除杂草，除草时注意不要破坏植被根系；对于生态浮岛上种植的挺水植物，注意不要破坏浮岛单体；生长季节每月至少除草一次；冬至后至立春萌动前应对枯萎枝叶删剪；对于滨岸带挺水植物，在春、夏季每月修剪一次，去除扩张性植物和死株，并适当修剪、挖除过密植株，以维持系统的景观效果；修剪下的植株要及时清除，防止蚊蝇滋生和影响景观；对于因病虫害等原因造成某个或某些植被死亡时，应将植被撤出，并进行相应的补种；当植物有严重病虫害时，应撤出后再喷洒杀虫剂处理。

浮叶植物管理及养护要求：每周巡查一次，及时打捞枯黄、枯死和倒伏植株，及时清除枯枝落叶；冬季霜冻后部分枯死植株及时打捞清理；及时清除岸边浅水区的挺水类杂草，如双穗雀稗、糠稗草等，以及采用人工打捞方法去除水面非目的漂浮植物；对因各种原因造成成活率较低、覆盖水面达不到设计要求的需补植，补植方法同种植方法；浮叶植物发生病虫害一周内，及时喷施农药。

B. 植物收割

挺水植物茭草、香蒲等收割宜在 7~8 月间进行；以二次污染控制为目标的收割，茭草适宜在 11 中旬进行，香蒲宜在 1 月进行；以群落管理为目的的收割，当水深大于 50 cm 时，宜沿水面收割；当水深小于 50 cm 时，可沿泥面上 30 cm 以上位置收割；根据当地湖滨带水生植物情况，并结合水生植物资源化利用要求、特点及成本等条件，一般推荐湖滨带水生植物可用作饲料和堆肥原料等。

C. 水生植被的恢复方法

沉水植被的恢复方法：浅根系沉水植被恢复宜采用土壤-植株复合体直接抛植，或用无纺布包裹种植土和植株根部，抛掷入水中，根部沉入水底，植株起初借助包裹内的种植土生长；适用于底部浆砌或无软底泥发育的水系，单生沉水植物以及因苗源紧张采用扦插法种植的沉水植物，如黑藻、伊乐藻、竹叶眼子菜等，对水深没有要求；深根系沉水植被恢复宜采用容器育苗种植法；当种植区水的透明度不够或种植后要立即有效果的，可将沉水植物先栽种在营养板或钵中，培养高壮的植株后种植。草、黑藻以芽苞越冬，可在每年 3～4 月捞取芽苞，撒播在种植水域。其他还有悬袋种植法、沉袋种植法等。

挺水植被的恢复方法：挺水植被的恢复需要做平整处理，并进行水下地貌塑型，造成一个整体相对平整、局部高程有起伏的水下地形，有利于浅滩湿地的恢复。通过先锋植物的引入，改善群落环境，逐步构建以芦苇群落、荻群落、煎群落、莲群落、香蒲群落以及黄花水龙为主体的水生植物镶嵌群落。

浮叶植被的恢复方法：菱以撒播种子为主，注意初夏季节移栽幼苗效果不好。菩菜种植主要采用移苗方法。金银莲花于秋季采集营养芽进行撒播。睡莲在早春季节萌芽前移栽块茎，或移栽幼苗甚至已经开花的植物体。浮叶植物区布置在挺水植物外缘，与挺水植物区相衔接，栽种的覆盖率以低于 30% 为宜，栽种的植物品种主要为睡莲、黄花菩菜、萍蓬草、金银莲花等。

D. 植物的维护频次

植物的维护频次应符合表 7.1 的要求。

表 7.1　大多数水生植物维护频次

项目	日常巡查	季节性修剪（夏季）
水面环境	每日 1 次	—
挺水植物	3～4 次/周	1～2 次/月
浮叶植物	每日 1 次	2～3 次/月
沉水植物	3～4 次/周	2～3 次/月

E. 沉水植物的生物量范围

沉水植物的生物量范围应符合表 7.2 的要求。

表 7.2　沉水植物生长指标预警范围

季节	夏秋	春冬
生物/（g/m²）	<2000 或>6000	<600
覆盖度/%	<60 或>80	<30
多样性指数	<0.8	<0.5

F. 水生植物调控

对水生植物的生物量应进行调控，在秋季植物收获时期，要对挺水植物地段的植物进行适当收割，以增加物质输出量，扩大湖滨带的环境效益。同时，要开展湖滨带生态过程的环境和植物生长监测，及时调控湖滨带生物结构及生态功能。

2）底栖动物及鱼类的调控管理要求

（1）底栖动物投放种类有圆田螺、环棱螺、皱纹冠蚌、三角帆蚌、无齿蚌等。放养密度不宜过高，螺类密度一般在 $5\sim10$ 个/m^2，蚌类密度一般为 $1\sim2$ 个/m^2。

（2）鱼类群落构建投放种类以肉食性鱼类为主，可选择乌鳢、鳜鱼、鳡鱼、大口鲶等。投放前，要先期投放一部分鲫、鳙、鲢及杂鱼（如泥鳅、棒花鱼等）。

（3）根据水生植物恢复进行分批多次放养，先投放少量螺和蚌，根据监测结果确定是否继续放养，避免高密度所造成的软体动物死亡及二次污染。

（4）应对鱼类种群、数量进行控制，避免随意放生野杂鱼类过度吞食沉水植物，必须对影响生态系统的鱼类种群进行监管和调控。具体措施如下：设置网隔，放鱼前先清理网隔区域内鱼类；肉食性鱼类和其他鱼类投放入湖泊后，观察肉食性鱼类死亡状况；每年 $10\sim11$ 月，用丝网或撒网捕获的方式监测湖泊鱼类的相对数量和比例，为是否捕获相关鱼类和下一年是否投放相关鱼苗提供参考。

3）群落配置管理规定

（1）筛选先锋种应考虑水生植物生物学特性、耐污性、对氮磷去除能力及生态系统演替规律，并遵循满足功能需求、本地种优先、适应当地环境、最小风险和最大效益原则。

（2）水生植物群落的配置应以植被的历史演变特征或相近健康湖滨带的群落结构为参考，配置多种、多层、高效、稳定的植物群落，主要措施包括确定合适的物种数、进行合理的空间配置和季节性演替节律匹配等。

（3）植物种类选择和群落构建应尽量选择较多植物种类，在湖滨带生态修复中需要选择较多的植物搭配种类，根据立地条件和水位高程配置不同挺水、浮叶、沉水植物。

（4）分析湖滨特征物种现状和历史变化趋势，探明影响其变化的主导因子，通过适当人工干预，包括物种筛选、生境营造、人工培育、野外放归等措施，恢复湖滨特征物种。

4）湿地维护管理要求

（1）每天对湿地水位进行巡查；做好夏季暴雨期的防洪预案，避免湿地长时间高水位淹没；做好秋季湿地补水工作，避免湿地干枯。

（2）挺水植物在 11 月份收割，将地表 5 cm 以上部分全部清除；浮叶和沉水植物在 12 月收割，将水面下 30 cm 的植物全部收割。

（3）在 $3\sim5$ 月期间对湿地的植物进行补种。

（4）在 $1\sim3$ 月期间对湿地淤积区域进行清理，并局部进行微地形整理。

（5）在 3 月、6 月、9 月和 12 月，对湿地内外来水生动植物进行清理。

（6）定期更换基质填料，保障湖滨湿地运行效果。

（7）湖滨湿地运行中应适时进行水位调节，按照设计的标准调节负荷量。

（8）根据暴雨、洪水、干旱、结冰期等各种极限情况，可进行水位调节，不得出现进水端壅水现象和出水端淹没现象。

（9）当湖滨湿地出现短流现象，可进行水位调节。

（10）湖滨湿地植物管理维护可采用以下措施：湖滨湿地栽种植物后即须充水，为促进植物根系发育，初期应进行水位调节；植物系统建立后，应保证连续提供污水，保证水生植物的密度良性生长；应根据植物的生长情况，进行缺苗补种、杂草清除、适时收割以及控制病虫害等管理；对大型湖滨湿地污水处理工程应考虑配置植物生物能利用的装置。

（11）湖滨湿地在低温环境运行时，可采用以下措施：做好湖滨湿地的保温措施，保证水温不低于 4℃；定期做湖滨湿地的冻土深度测试，掌握湖滨湿地系统的运行状况；强化预处理，减轻湖滨湿地系统的污染负荷。

（12）潜流湖滨湿地运行防堵塞可采用以下措施：控制污水进入湖滨湿地系统的悬浮物浓度；定期启动清淤；适当地采用间歇运行方式；局部更换湖滨湿地系统的基质。

5）湖泊基底修复工程管理要求

（1）布设相应的水文观测设施，应对河湖的水文、泥沙、水下地形、滩涂等进行定期的观测和测量，及时掌握相关的情况，并制定相应的维护方案。

（2）水下挡泥围埝构筑要求：在生态修复工程区边界建设临时简易围埝，采用尾径不小于 15 cm 的木桩打桩，桩入土深度在现泥面高程下 2~3 m，根据实际情况每隔 4 m 设一斜桩，以增强围埝稳定性；木桩迎泥面捆扎竹排，竹排与木桩间用铁丝连接固定；应防止基础底部漏泥，竹排入土深度不宜小于 0.5 m；竹排面覆土工布以挡泥土，土工布用铅丝与竹排、木桩固定，沿围埝长度方向布置等间距的竖向竹压条将土工布与竹排夹紧，竹压条两端打眼并通过铅丝与竹排固定，底端用袋装土压边以防漏泥；土工布间接合采用机缝或粘接方式；围埝两端采用编织袋装土堆叠将土工布与原堤岸压实；围埝埝顶高程一般高于吹填滩面设计标高 0.4~0.7 m，完成生态修复工程后应将围埝顶削除，避免过分出露水面；木桩桩底标高主要决定于基底修复区底板土质物理特性，若非吃力泥层较厚，木桩入土深度较大，反之较浅，一般木桩入土深度≥3~4 m，局部需加强地段≥4~5 m。

6）吹填造滩要求

利用湖泊疏浚底泥对湖滨带垂直驳岸生态修复区水域实施基底修复，底泥疏浚及吹填设备采用绞吸式挖泥船作业，绞吸式挖泥船在将疏浚底泥通过排泥管对基底修复区水域吹填施工；挖泥船排泥管线沿基底修复区湖岸线坝堤布设，将排泥管口与湖岸线垂直布设；为保持基底修复区滩面的平整均匀，底泥吹填过程中要勤移排泥管口，管口设置消能装置，回水通过简易围埝埝顶流回湖泊水域；吹填滩面高程控制原则：确保在湖泊枯水期种植季节，基底修复区平均水深可以满足水生植物的种植要求,而在湖泊丰水期最大水深不超过 1.0 m 为宜;湖滨带基底修复区域的带宽一般控制在 30~60 m 为宜。

3. 浅水区水生植物恢复与水生态调控工程维护管理

1）水生植物繁殖体补充要求

（1）工程范围应为全湖近岸常水位至水深 7.0 m 的水域,工程区域的湖底地形应相对平缓,有利于水生植物繁殖体固着和幼苗的扎根,不包括湖底陡峭和风浪大的水域。

（2）水生植物选种的要求:苦草适合在深水区域恢复;黑藻适合于中等水深恢复;海菜花适合浅水区域恢复。

（3）苦草繁殖体播撒在水深 4.5~7.0 m 水域;黑藻繁殖体播撒在水深 2.5~4.5 m 水域;海菜花幼苗移栽在水深 0.85~1.5 m 水域。

（4）苦草恢复的要求:苦草种子播种期在 4 月初至 5 月上旬,播撒带荚种子1.5 kg/亩;工程区水深宜为 4.5~7.0 m。

（5）黑藻恢复的要求:黑藻芽孢播种期在 3 月下旬至 4 月下旬,播撒芽孢2.0 kg/亩;播撒在底质为软泥或淤泥的水域;工程区水深宜为 2.5~4.5 m。

（6）海菜花恢复的要求:幼苗移栽期在 4 月初至 5 月上旬,幼苗株高 30~50 cm,移栽密度 2 株/m²;移栽在底泥为软泥和沙质黏土的水域;工程区水深宜为 0.85~1.5 m。

2）水生植被群落优化要求

（1）在植被覆盖较好的乔灌区保留原有的地形;保留挺水植被原有分布区地形,在原挺水植被分布区之间的空间进行土地平整,形成适宜挺水植被恢复的地形。

（2）对湖湾浅水区的表层 0.5 m 底泥进行清淤,对废弃鱼塘表层 0.8 m 底泥进行清淤;清淤后在鱼塘内侧按 1:2 坡度回填干净土壤。

（3）在沉水植被恢复区向湖心一侧的边界处建设软围挡,避免清淤过程中底泥污染物向工程区外围水域扩散,减少工程区风浪促进沉水植恢复。

（4）工程区原有灌乔木区的林下植被进行整理,清除外来入侵植物（飞机草、喜旱莲子草、粉绿狐尾藻和水葫芦等）和部分杂草,清理垃圾和部分废弃建筑物。

（5）对乔灌木面积大的地区,应建设一定长度的管理栈道。

（6）挺水植被的植物种类以芦苇、莲、香蒲、黑三棱、水葱、菖蒲和慈姑为主,空间布局要以芦苇和莲为主构建成片分布挺水植被,香蒲呈斑块嵌于芦苇分布区的外边缘,水葱呈斑块分布,黑三棱、菖蒲和慈姑呈细带状分布。

（7）浮叶植被的植物种类以菱、荇菜、水鳖、睡莲为主,空间布局要以菱和水鳖为主构建成片分布浮叶植被,荇菜呈斑块或成片分布,睡莲呈斑块分布。

（8）沉水植被的植物种类以苦草、黑藻、海菜花、马来眼子菜、光叶眼子菜为主，空间布局要以苦草和黑藻为主构建成片沉水植被，马来眼子菜和光叶眼子菜呈斑块镶嵌于苦草和黑藻群落中，近岸以海菜花呈斑块分布。

3）水生植物的收割要求

（1）如果冬季来临前水生植物量较大，要对植被实施收割，收割一般在11月份进行。

（2）挺水植物应完全收割，浮叶、沉水植物不进行收割，以打捞死亡残体为主，对于浮叶植物堆积区应重点打捞。

（3）在挺水植物收割面积超过 3000 m²，沉水植物超过 1000 m² 的个别区域，适宜采用机械收割，小于此面积的则适宜人工收割。

4）生物入侵与病虫害防治

（1）掌握生物的繁殖生物学特性，在繁殖期间进行大规模的捕捞，通过减少繁殖群体的数量来控制入侵物种的生物量。

（2）可通过改变环境条件来控制入侵物种的生物量。

（3）避免引入带病植株；种植不要过于拥挤，保证良好的通风光照条件。

（4）密切监测植株生长，及时清除病株，消除病原，一旦预防虫害失败后，应根据不同致病昆虫的生理特性，及时采用药剂喷杀物理清除虫卵或黑光灯诱捕的方法控制虫害。

4. 蓝藻水华控制工程维护管理

1）蓝藻水华预警监测要求

（1）常规预警监测的主要监测项目应包括水温、浊度、pH、溶解氧等。

（2）点位选择原则：能全面反应监测水域的水质状况；不影响景观、航运、船舶停靠等；与已有监测点位不重复。

2）生物控藻的方法维护要点

（1）经典生物控藻方法：通过放养肉食性鱼类或直接捕（毒）杀等方法去除以浮游动物为食的鱼类，保护和发展大型牧食性浮游动物，使其生物量增加和体型增大，提高其对浮游植物的摄食效率，降低浮游植物数量，控制过量繁殖。

（2）非经典生物控藻方法：全湖投放鲢鳙等滤食性鱼类直接摄食蓝藻等浮游生物。

（3）定期监测水体中鱼类总体生物量，控制合适比例。

3）蓝藻种源清除方法维护措施

（1）在蓝藻越冬复苏期，应选择连续 3 天静风天气，对全湖表层底泥进行全水域采样。

（2）对全湖底泥采样时，泥样应切取最上层的表层底泥，并即时测定各项水质参数，并要求在每个采样点采集 3 份平行样品。

（3）在利用藻蓝素含量表征越冬复苏期底泥表层蓝藻种源的总生物量及其在湖区的分布格局时，应以藻蓝素含量较高的区域初步确定为疏浚的备选区域。

（4）对疏浚备选区域筛选时，应选取种群活性较高的区域作为疏浚位点。

（5）在越冬蓝藻种源疏浚位确定时，应根据目标种群生物量和蓝藻细胞生理活性，通过对疏浚区域进行计算和评估来获得种源疏浚位点。

7.2.3　运行监测

1. 监测要求

（1）工程监测要求做到"四固定"（人员、仪器、测次、时间），测次有变动时，应报请上级主管部门批准后执行。

（2）保持监测工作系统性和连续性，要按规定项目、频次和时间，现场监测。

（3）每次监测结束后，应及时对记录资料进行计算及整理，严禁将原始记录留到资料整编时再进行计算与检查；监测成果初步分析环节，如发现监测精度不符要求，应立即重测；如发现异常情况，即进行复测，查明原因并报上级主管部门，同时加强监测。

（4）应建立沉水植被长期监测工作站，并在主要沉水植被分布区设监测站点。

（5）监测设施（包括监测仪器）应每年进行一次率定和校测。

（6）水体监测内容及方法可参考《地表水和污水监测技术规范》（HJ/T 91—2002）。

2. 日常监测

1）水质指标监测

（1）定期对水质进行采样、监测、分析，建立水质指标跟踪监测制度，并根据水质指标变化制定相应处理措施。水质采样方法应符合《水质　采样技术指导》（HJ 494—2009）。

（2）定期检查水体周边环境变化情况，对水体周围污水排放进行重点检查，对可能对水体造成不利影响的潜在污染源进行排查，并提供相应的处理建议。

（3）监测指标请参考《地表水环境质量标准》（GB 3838—2002）和营养状态评估指标。各湖泊可根据流域特点增补相应指标，如矿化度、浊度等。

（4）蓝藻水华监测作业中，应对湖泊开展蓝藻卫星遥感监测，实时为研判蓝藻的暴发和水质变化提供技术保障。

（5）建议采用手工采样、实验室分析技术，以移动式现场快速应急监测技术为辅助手段的现场监测、常规监测与应急监测相结合的检测方法。

（6）水样采集应具有代表性，反映湖泊整体或区域水质在时空上的变化规律。

（7）地表水常规监测中，水质监测频次最佳为一月两次，通常在丰水期、平水期和枯水期每期采样三次。如受条件限制,至少在丰水期和枯水期各采样一次。

（8）单一监测项目对水样用量和保存条件的要求不同,故水样采集量应依具体监测项目分别计算,同时在计算结果基础上适当增加20%~30%的过量。

（9）应于加有保存剂的目标水样瓶体贴上样品标签,具体内容有编号、断面、采样点、添加保存剂种类与数量、监测项目、采样者、登记者、采样日期和时间点等。此外,选择人员和接收人员都需签名。

2）生物指标监测

（1）生物监测指标应重点关注浮游植物、浮游动物、底栖生物、大型水生维管束植物及鱼类等,主要测定指标为生物量、优势种、多样性指数、完整性指数。

（2）标本获取方法:应根据工程实际情况和大小,随机选取一定数量及体积的样方。

（3）底栖动物标本处理按《全国海岸带和海涂资源综合调查简明规程》中海岸带生物调查方法,植被调查方法宜采用踏查法,辅助样方法调查。鱼类调查宜采用电捕调查法。

（4）调查时需同时记录保护物种及外来物种入侵情况,湖滨带生物调查方法参考《湖泊富营养化调查规范》。

（5）每个采样点应有定性和定量采样,须现场贴标签,注明采样地点、时间及编号。

（6）每一样品计数两次,取其平均值,每次计数的结果与其平均值之差应不大于±15%;为精确计算生物量,每个种类尽可能测量足够数量的个体。

（7）在种类鉴定环节,应对营养类型划分有指示意义的种类鉴定到种或至少鉴定到属,优势种类必须鉴定到种。

（8）应根据湖泊形态、水文情况、植物的分布等设置断面。

3）底质指标监测

底质监测指标主要包括pH值、氧化还原电位、总氮、总磷、有机质、氨氮、硝氮、生物可利用性磷等。pH值、氧化还原电位可用便携式测定仪测定;沉积物中TP应用淡水沉积物中磷形态的标准测试程序（SMT）测定;沉积物TN采用凯氏消煮半微量滴定法分析;生物可利用性磷采用磷钼蓝比色测定。

4）监测结果评估

针对水质监测结果,参照《地表水环境质量标准》（GB 3838—2002）中的相关等级进行评价,结合历史数据,评价水质改善效果。通过调查外来物种的生物量、面积等基础数据,建立湖泊外来水生植物物种名录,评价各外来种的入侵状况和危害等级。根据各打捞点位监测结果,统计死亡水生植物打捞量;依据各样品碳、氮、磷含量,测算所有收割、打捞水生植物氮、磷总量,评价水生植物打捞对移除湖泊营养盐的贡献。

3. 定期巡查

开展湖泊底泥、藻类污染控制，水生生物、环湖湖滨带生物恢复巡查，巡查间隔一般为1~2个月，每次巡查聘请专家1~2名。巡查指标应与日常监测指标相一致，重点考察湖泊的管理情况，包括植物的收割和补种，垃圾、藻类及动植物残体的及时清理、人员配置是否合理等。根据定点定期监测数据，对现场进行巡查，核实数据是否准确，针对未达到修复目标的区域，根据专家意见及时采取措施进行修复补救。

4. 应急监测

建立管辖范围内应急监测工作手册、应急监测数据库和应急监测地理信息系统。定期组织应急监测人员进行技术培训与演习。做好监测方法和仪器的筛选，仪器的计量检定和试剂、车辆等保障工作。

7.2.4　绩效评估

1. 绩效评估方法

针对湖泊修复工程效益的特点，选取生态效益、经济效益和社会效益为评价指标，建立相应的综合效益评价指标体系，通过指标赋值打分法进行评估。评价方法可参考《生态环境状况评价技术规范》（HJ 192—2015）和《区域生物多样性评价标准》（HJ 623）。

2. 评估指标选取原则

（1）在绩效评价的过程中，针对生态环境项目自身的特点，采取科学的方法和指标，评估工程的生态环境效益和社会经济效益，使得绩效评价结果客观、公正。

（2）选取指标的过程中，选取的指标能够全面反映目标层各方面，避免遗漏。在考虑评估指标时还要有系统观念。既要系统地考虑问题、系统地收集信息、系统地确定评估指标体系，又要有系统地考虑如何使用指标进行综合评估项目各个方面的思想。

（3）指标评估应坚持定量与定性相结合原则，生态修复工程效益评估尽量具体、定量，同时考虑生态工程自身特点，对缺乏定量依据的指标可定性评估。

（4）湖泊修复工程主要目标是保护湖泊生态环境，因此绩效评估以生态环境效益为重点。同时由于湖滨带生态工程的建设也具有较重要的社会和经济效益，因而，绩效评估应将工程的社会效益和经济效益作为有益的补充。

3. 指标评分方法

湖泊生态修复工程项目绩效评估结果分为优、良、中、差四等。

7.2.5　事故应急预案

1. 编制应急预案

应当制定湖泊水质异常、水污染、藻类防控等突发事件应急预案，及时处置突发事件。事故应急预案应详细规定应急事故处理的步骤程序和相关人员组成。应急事故发生时应按照《突发事件应急预案管理办法》（国办发〔2013〕101 号）等相关规定程序进行。

2. 人员配备与演练

应按照事故应急预案要求配备相应人员；应加强专业人员的日常培训与管理，培养训练有素的应急处置人员；指挥小组应每年定期组织一次突发事件应急实战演练，以强化相关必备知识和器材操作，提高防范和处理突发事件的技能。

3. 物资保障

为保证应急防灾工作有效落实，工程责任部门应采取经常性储备与紧急情况下临时征用相结合的原则，对可能用于应急救援的物资进行储备，以备应急之需。

7.3　本 章 小 结

湖泊生态修复工程需长期维护管理才可保障长效运行。我国已建设了众多湖泊的生态恢复工程，尤其集中在长江中下游和云贵高原地区。虽诸多修复工程还在运行，但其长期的维护管理已成为较大难题。当前湖泊生态工程在运行维护管理方面主要存在资金保障不足、激励约束机制不完善、工程管护问题复杂及公众参与较少等问题。针对湖泊生态修复工程运行存在的运维技术短板和缺失，结合"水体污染重大专项"中已实施的工程经验，提出了湖泊生态修复工程运行维护管理对策。

第8章　云贵高原湖泊生态修复工程运行维护管理

云贵高原是我国西南地区主要的人口聚集地之一，集中了诸如滇池、洱海等高原淡水湖泊。云贵高原湖泊也是我国西南生态安全屏障的重要组成部分，目前肩负着超过其环境承载力的污染负荷，同时也面临巨大的发展压力。国家及各级政府已采取了一系列重大举措，且已取得了一定成效，但已实施湖泊生态修复工程的维护管理及运行并没有达到理想的效果。

本章重点介绍云贵高原湖泊生态修复工程维护管理及应用等情况，以期为实现云贵高原湖泊生态修复工程的长效运行提供支撑。

8.1　生态修复工程概况

云贵高原湖泊水质下降趋势并未根本性扭转，水生态退化严重且稳定性差，富营养化趋势明显，规模化水华风险大；水生植被面积缩减严重，鱼类小型化、杂型化、低龄化及低值化问题突出；流域农业粗放经营，用水效率较低，农田面源污染突出；流域森林生态系统水源涵养功能减退；截污治污体系不完善，入湖污染负荷超过水环境容量；湖滨湿地及库塘系统受损较重，生态屏障功能薄弱；流域生态环境监管体系尚不完善。本研究根据该区域湖泊治理及生态修复现实需求，参考洱海、滇池和抚仙湖等湖泊的治理与修复经验，以及国内外研究成果，总结云贵高原湖泊生态修复主要包括湖滨带与缓冲带生态修复、底泥污染控制、蓝藻水华控制、水生植物恢复与水生态调控等内容。

8.1.1　湖滨带与缓冲带生态修复工程

云贵高原湖泊的湖滨缓冲带总体发育不完整，较为狭窄，是以农田、村落、旅游设施等为主要土地利用形式，农业生态系统占比高；湖区污染负荷主要来源于农田面源、畜禽养殖、农村生活及服务业等。湖滨带与缓冲带作为一种水陆生态交错带，对湖泊生态系统有着重要作用，对生物多样性保护功能有较高的要求，具有蓄积洪水、调节洪峰、生长水生动植物、净化水质、隔离人类活动干扰等对湖泊水体直接影响等功能。

　　针对云贵高原湖泊的湖滨带与缓冲带作为湖泊重要保护带的功能正在不断丧失，生态系统的稳定性受到威胁，开展湖滨带与缓冲带修复工程意义重大。湖滨带修复重点是生物多样性恢复，采取生境恢复为主，动植物群落优化配置为辅的原则。生境恢复以增加湖滨带生境异质性和稳定性为主导思想，以水动力条件改善、基底构建为主要手段。动植物群落优化配置遵循自然恢复为主，人工协助种群优化发展，引种繁殖为辅。

1. 湖滨带基底构建

　　根据不同种类水生植物适合的水深生长条件，通过控制水下地形高程，改变微生境，可以调节不同种类水生植物群落的生长态势和数量，增加环境异质性，达到增加生物多样性目的。基底地形构建方式有两种类型：一是开挖方式，以增加水深为目的；二是回填方式以降低水深为目的。两种构建方式采用的技术各不相同。基底底质改善主要是指改变原有湖底污泥力学性质或化学成分，采用的方法有两种：一是用新的底质材料覆盖在原有底质上面，二是先挖除现有底质，再用新底质材料回填在开挖的坑槽中，其工程与基底地形构建技术基本一致。

　　湖滨带基底的开挖采用挖掘类设备，以陆地挖掘机械、两栖类挖掘机械和小型、微型疏浚设备为主。陆地挖掘设备一般使用反铲挖掘机，根据施工条件，可选用履带式或轮式，轮式反铲仅适合于地面条件较好场合使用。根据大臂和斗臂长短，履带反铲还可分为长臂反铲和普通臂反铲。两栖类挖掘机主要有仿海龟轮式反铲和浮箱履带式反铲，可漂浮于水面上，可在松软的沼泽区域施工，但性能各不相同，前者体形较小，适合狭窄滩地，后者可在沼泽区域快速移动。小型、微型疏浚船舶包括小型反铲船、小型绞吸船、抓斗船等。此外，当基底施工在排水露滩开挖时，除采用人工或履带反铲施工外，也可使用水利冲挖机组。回填方式一般与回填物料、回填位置和回填要求有关，常见的物料有砂、碎石、黏土或附近的湖底底质等，一般情况下，近岸回填可以采用长臂反铲等设备，若需水上回填，需使用船舶运输回填物料，然后用人工或装载在船舶上的小型反铲进行定点回填。黏土回填宜采用水下近泥面回填方式。

2. 湖滨带水动力条件改善

　　在风的作用下，使湖水产生波浪和水体流动，这些水动力条件影响湖滨带生态环境，适当的水流可以促进水体的交换，过大的波浪会影响植物的生长和生存，因此适当改善水动力条件会有利于湖滨带构建更合理的水生植物生长环境。应用数值模型对湖滨带的风生环流、风成浪结构进行模拟，可以较为准确地描述湖滨带的波浪与环流结构，从而有针对性地采用改善湖滨带的水动力措施。

　　利用河流动力、风成流等自然力量，利用植物条带分块和必要的辅助构筑物来引导水流向，尽可能避免死角，同时平顺水流通道，减小流动阻力。在改善湖滨带波浪条件上，根据不同类型水生植物的耐波能力合理配置，利用植物的能力来消减波浪，当波浪较大时，可采用一些天然材料来构建消浪设施，如堤坝、潜堤、浮式消浪结构等，必要时可结合一些景观设施进行配置。利用先进的三维波浪、水流数值模拟技术，可以充分刻画湖滨带的水动力条件，从而在生态修复构建过程中避免盲目性的工作。

3. 湖滨带挺水植物功能群镶嵌

依据生态演替、生态位原理和最小生存种群理论，根据挺水植物对水位、基质、风浪的要求，以及植物的生活习性、长势和竞争关系、相克与互作关系，依据带状分布和板块镶嵌原理，完成对挺水植物的优化配置，为其自身的演替和优化奠定基础，并使其时空相接、季节相连、四季景观各异，改善湖滨带景观。采用的镶嵌方式主要有茭草组合、香蒲组合和莲组合。茭草组合通常按照带状配置，由深到浅依次为茭草、东方香蒲、水葱、蔗草、水蓑衣、雨久花、中华水芹、水毛茛、石菖蒲、黄花鸢尾、再力花、美人蕉。香蒲组合通常在水较浅的区域，由深到浅依次为宽叶香蒲、滇针蔺、水蓼、泽泻、梭鱼草、旱伞草、鸭舌草、空心菜、灯芯草、丁香蓼、芦苇、大芦。莲组合通常在小且相对封闭的岸带池塘区，塘内以莲、水浊、花叶香蒲为主，周边为纸莎草、菖蒲、水莎草、葱状灯芯草、千屈菜；向湖面布置茭草，向岸面继续配置辣蓼、稗子、凤仙花、慈姑、园叶节节菜、鱼腥草、花叶芦竹、五节芒等。

4. 清水型沉水植物群落恢复与扩增

清水型沉水植物恢复与扩增技术主要是通过种植清水型沉水植物去除水体过量 N、P 等营养物，降低湖泊营养负荷，提高水体透明度，使湖泊从富营养状态向中营养和贫营养方向转化，维持湖泊低营养水平状态。植株的恢复与其生存的外部环境条件密切相关，仅仅是生态系统内部结构调整和水生植物恢复，而忽视其外部环境条件的改善，此类水生植物恢复很难成功，也很难实现对生态系统结构和功能的改善；即使水生植物恢复成功，其整个系统也非常脆弱，很难抵御外部环境胁迫。植株的引种与恢复对水污染治理可能有明显作用，但水体的温度、光照强度与营养负荷已成为其能否有效发挥作用的关键影响因素。

5. 大型底栖动物恢复

大型底栖动物恢复主要包括螺蛳的恢复技术、无齿蚌属的恢复技术和绘环棱螺的恢复技术。螺蛳的恢复技术在投放螺蛳时，对不同发育期的螺蛳有一定要求，成熟的螺蛳对外界干扰较敏感，应以幼螺、子螺等为主，其投放比率为成螺：幼螺：子螺＝1：3：3。投放前，应将迁入的螺蛳进行适当的驯化，在选取生长健康的螺蛳投入实验水域。如条件允许，可在附近建立螺蛳的人工繁育基地。

无齿蚌属的恢复技术，在湖湾、河流入湖口、水草茂密处等，划定一定面积湖滨带，对底质进行适当改造，如在底质表面铺设一层黄泥或细沙，按照 1000 个/km² 的密度投放蚌属。在投放无齿蚌时，应以幼蚌、子蚌等为主，其投放比率为成蚌：幼蚌：子蚌＝1：3：3。投放前，应将迁入的蚌类进行适当的驯化，再选取生长健康的河蚌投入水域。

绘环棱螺的恢复技术，是以湖泊小型螺类的平均密度为依据，投放的密度为 20～30 个/m²。在投放时应以幼螺、子螺蚌等为主，其投放比率为成螺：幼螺：子螺＝1：3：3。投放前，应将迁入的螺类进行适当的驯化，再选取生长健康的螺投入水域。

8.1.2 底泥污染控制工程

底泥是湖泊的重要组成部分。当湖泊受到污染后，水中部分污染物可通过沉淀或颗粒物吸附而蓄存在底泥中，在适当条件下会重新释放到湖泊水体中，对湖泊水质造成二次污染。基于对云贵湖区湖泊底泥污染勘测和沉积物氮磷释放风险分区，提出底泥环保疏浚、原位覆盖工程相结合的污染治理对策。针对沉积物有机质较高、氮磷污染较为严重的区域，采取以环保疏浚为主，配合生态修复等其他工程措施；针对有机质污染较轻，但沉积物氮磷释放量较高的区域，采取原位钝化与生态修复相结合的工程措施。

1. 环保疏浚技术

环保疏浚技术是最为有效、成熟、广泛应用的污染底泥控制技术之一。该技术的核心内容是利用专用疏挖设备有效清除湖泊水库的污染底泥，并通过管道将污染底泥输送至堆场进行安全处置。与单纯地疏通航道、增加水体容积的工程疏浚不同，环保疏浚以精确清除严重污染底泥层、创造湖泊生态修复条件为目标，所疏挖污染底泥厚度一般小于 1 m，施工时污染层的超挖深度精确控制在<10 cm 范围内，在施工过程中采取环保措施尽量避免颗粒物扩散及再悬浮，污染底泥输送至堆场后根据底泥污染特征进行适宜的处置。

环保疏浚技术包括疏挖范围及规模的确定、疏浚作业区划分及工程量计算、污染底泥存放堆场选址、疏挖设备选配、疏挖施工工艺流程确定、堆场围埝及泄水口设计等。疏浚一般采用绞吸式挖泥船，将挖掘、输送、排出等疏浚工序一次完成，通过船上离心式泥泵产生一定真空将挖掘的泥浆经吸泥管吸入、提升，再通过船上输泥管排到岸边堆场。污染底泥从水下疏挖后，输送到岸上，一般采用管道输送工艺，管道输送具有工作连续、生产效率高的特点，当含泥率低时可长距离输送，输泥距离超过挖泥船排距时，还可加设接力泵站。

2. 原位覆盖技术

原位覆盖技术又称封闭、掩蔽或帽封技术，其核心是利用一些具有较好阻隔作用的材料覆盖于污染底泥上，将底泥中的污染物与上覆水分隔，大大减少底泥中污染物向水体的释放能力。原位覆盖技术主要具有如下三方面功能：通过增加污染物与水体间的接触距离，将污染底泥与上层水体物理性阻隔开；覆盖作用可稳固污染底泥，防止其再悬浮或迁移；通过覆盖层有机颗粒的吸附作用，有效削减污染底泥污染物进入上层水体。

原位覆盖技术的施工方式主要有以下四种：①机械设备表层倾倒方式。将覆盖材料采用卡车、起重机等机械设备直接向水里倾倒，通过覆盖物的重力作用自然沉降将底泥掩蔽住。这种施工方式的优点是施工工艺简单，成本低，但受卡车、起重机等机械设备所能够到达的范围与地理交通环境的限制，一般只适用于岸边的区域，同时覆盖的厚度也不均匀。②移动驳船表层撒布方式。用驳船载着覆盖材料在覆盖区域内缓慢移动，驳船底部是活底，可将其打开撒布覆盖材料。这种施工方式不仅简单、经济，而且不受地理条件限制，可以覆盖整个水域的任何区域。③水力喷射表层覆盖法。用平底驳船载着覆盖材料，然后用高压水将船上的覆盖材料冲洗入水，其优点是适合水深<4m水域的覆盖。④驳船管道水下覆盖法。通过驳船上的管子将覆盖材料注入水体下层，管子的下端是圆锥体形，可使覆盖物更好地分散开来，该方法的优点是直接水下覆盖，底泥的扰动小，对底栖生物不会造成掩埋，但施工工艺相对较复杂，成本也相对较高。

8.1.3 蓝藻水华控制工程

云贵高原部分湖泊已由低中营养状态向富营养状态转变，已处于富营养化水平，局部湖湾与沿岸藻类水华频繁出现。针对此类问题，实施蓝藻水华控制工程。

1. 高原富营养化湖泊水华蓝藻快速削减和生态修复技术

该技术主要针对高原富营养化湖泊藻华聚集区和生态敏感区难以在短期内高效除藻的技术难题，并以对当地气象、水文、蓝藻时空分布特征的系统观测分析为基础。通过措施提高水体的透明度，通过恢复挺水、沉水和浮水植物群落结构等措施，解决藻类堆积等问题，恢复湖泊水生生态。

2. 大水域高效消浪滞藻与减污漂浮植物控养技术体系

针对高原富营养化湖泊风浪大、蓝藻漂移频繁、沉水植物难以恢复等问题，应用大风浪条件下漂浮性水生植物蓝藻拦截与风浪削减技术，以确保漂浮植物在控制水域的安全生长，充分发挥其生态服务功能，利用生物量大且根系发达的漂浮植物可有效拦截蓝藻和削减风浪。

3. 微动力导流聚藻除藻

该技术利用自然的风力和水动力条件，采用人工导流、围隔拦截和陷阱浓缩的组合技术将蓝藻水华浓缩富集，输送到岸边处理，并利用岸基的藻水分离、干藻设备获取蓝藻藻饼，对蓝藻进行资源化二次利用。依据湖泊风向和湖流时空特征，在水华聚集区布设 V 形导流围挡，利用湖流和电浆驱动局部水流促进蓝藻富集以提高打捞效率。该技术对低浓度的蓝藻水华也有很好的浓缩效果。

4. 集聚型藻华拦截和高效物理方法原位除藻成套技术

利用湖流场和风生流作用，通过陷阱技术实施工程拦截，使藻华浓缩，通过机械收获等措施清除大部分堆积藻华，达到消除湖湾蓝藻水华目的。工艺流程主要包括人工导流拦截、陷阱富集、机械打捞、絮凝沉降等环节。

8.1.4　水生植物恢复与水生态调控工程

云贵高原湖泊水质下降明显，主要的生物类群发生了较大变化，生态系统退化严重，水生生物群落结构失调，逐年消退，生物多样性下降，分布不平衡，外来物种扩增，针对此类问题，实施水生植物恢复与水生态调控工程。

1. 草型清水态构建与维持技术

主要以恢复水体生物多样性、构建良性水生态为目标，以沉水植被规模化恢复为核心，通过筛选适宜的水生植物种类，构建最适宜种群规模、优化群落配置等措施，实现沉水植物生物量的控制及生态系统多样性的恢复，改变藻类功能群的结构，加快湖泊生态系统由藻型浊水态向草型清水态的转变，最终恢复以水生植被为主体、促进生态系统健康、兼顾生态效益与经济效益协调发展的水生生态结构，形成富营养化高原湖泊草型清水态。创造沉水植被构建的关键生境条件及沉水植被的恢复重建是实现这一转换的重要前提，该技术的关键点是确定高营养负荷条件下实现系统向清水态转换的关键阈值条件。

2. 水生植被面积扩增与群落优化整装技术

该技术主要包括生态水位调控、耐弱光沉水植物优选、种苗繁育与移栽、繁殖体补充和群落优化等过程，可以促进植物面积扩增，能很好解决中等水深区（4～7 m）沉水植被面积萎缩和湖湾水生植被群落简单与沼泽化趋势的问题。

综合考虑植物生活史节律、光照需求、湖底地形和水体透明度等因素，明确水位升降时间、水位高低及其维持时长，实现水位精准调控。群落优化主要是通过分析近岸浮叶植物、沉水植物和水质三者的关联性，达到群落优化和增强净水效果。水生植物修复选种和种苗繁育通过针对拟定水生植物名录，制定适宜的繁殖体类型、培养基质类型、水深和水体营养，采集植物幼株并种植于人工苗圃，定期对其生理生长指标进行统计和测定，对不同生活型的常见水生植物乡土种生长、定植、扩增等方面能力对比分析，筛选适合不同环境条件的水生植物种类。

3. 水生植被防退化技术

该技术体系主要包括：水位优化运行技术、沉水植物繁殖体补充技术、种植资源保护区建设和水生植被收割与管理。

1）水位优化运行技术

湖泊沉水植被的扩展和衰退都与水体底部光照环境息息相关，底部光照环境主要由水位和水体透明度决定，而水体透明度又与入湖营养盐和水体自净能力相关。在湖泊管理条例允许范围内，适度降低春季的运行水位，使这一时期湖泊底部光照环境得到改善，有利于沉水植物复苏。在秋冬两季仍实施高水位运行，即维持适当的年水位变幅，有利于沉水植被的生长和分布。从长远考虑，须维持湖泊相对稳定的周年水位变化，有利于改善目前沉水植被群落结构和分布格局，延缓沉水植被演替进程。需要同步监测沉水植被生长、分布水深、浮游植物、水体理化等指标的动态，综合判断水位优化的生态效益与风险。

2）繁殖体补充技术

云贵高原湖区当前的种子库资源较为贫乏，沉积物理化环境不适合种子的长期保存，而沉水植物在每个繁殖周期又会产生大量的有性和无性体，造成资源浪费。因此，通过建立繁殖体保存设施，将每年收集的各种繁殖体有效保存起来，在适宜的环境中保持其萌发活力，保证长期水生植被恢复工程所需的种质资源。在繁殖体收集过程中通过有性和无性繁殖体的搭配，本地和异地材料的搭配，提高恢复种群遗传多样性水平。对黄丝草，马来眼子菜，篦齿眼子菜，苦草等物种可在9～10月花果期结束时大量采集当年种子，12月冬初时期集中采集休眠芽和块茎；菹草可在5月末同时采集种子和芽苞。沉水植物无性繁殖体的萌发率较高，而种子萌发率比较低，需通过一些辅助手段来提高种子的萌发率，例如在萌发前的低温处理能够打破种子休眠期，或者在萌发前通过机械作用将种皮部分破碎，均可有效提高萌发率。对萌发出的幼苗进行集中培养，逐步增加水深，加快幼苗成长速度，较短时间内形成成熟植株，用于植被修复。

3）种植资源保护区建设

种植资源保护区应具备以下条件：风浪影响较小、底质坡度平缓、水位变化不大、人类和渔业活动干扰较小、物种资源基础较好。由此可知，湖湾是建立保护区的首选地点。建设保护区在不影响景观的前提下，通过渔网或栅栏将需保护水域围起来，将保护水域的大型草食性鱼类清除出去，并安排工作人员定期清理漂浮植物。充分调查保护区内现有物种资源基础上，对容易形成单优群落的物种加以严格管理。每年收集保护区内各物种的成熟种子，将其中部分进行萌发，在幼苗培养基地培养至成年株进行补充栽种，以逐步扩大保护区范围；将另一部分种子作为种质资源保存于繁殖体保藏设施。每年分两次从附近水体中采集湖泊缺少的沉水植物的繁殖体与幼苗，向保护区引种，以丰富水生植物资源。

4）水生植被收割与管理

通过收割不仅能有效保证湖泊休闲与景观功能,有利于渔业捕捞等经济活动,促进其他沉水植物物种在生长期有效占据各自生态位；而且还可通过带走植物体氮和磷等营养盐的方式起到削减湖泊营养盐的作用。通过建立水生植物回收处理中心，将收割或清除的沉水植物或漂浮植物中丰富的生物能转化为可以直接利用的能源；同时植物的残体含有氮、磷、钾及微量元素，可以用作农田肥料或者加工成饲料；另外，还可用于池塘养鱼，减轻渔业养殖投入。

4. 鱼类群落结构调控技术

通过湖泊土著鱼类增殖放流结构调整,可更加有效地恢复湖泊土著鱼类资源,显著地提高湖泊土著鱼类生物多样性和完整性,促进整个生态系统的恢复和重建。相关主要技术包括云贵高原湖泊特有鱼类人工培育技术、云贵高原湖泊特有鱼类增殖放流技术和云贵高原湖泊鱼类群落优化技术。

5. 严重受损湖泊水生植物种子库恢复技术

湖泊底泥累积了不同时期和环境条件下的植物种子，许多水生植物种子能在底泥中长期休眠，环境条件恢复，休眠种子就可能萌发立苗。因此，种子库为受损生态系统恢复提供了潜在的物种库。利用种子库恢复湖泊水生植被主要包括种子库评估和补充、恢复区生境条件改造、种子库移植和恢复植被管理与维护等技术。

在进行种子库评估时,采用自动筛系统直接统计土壤样中的种子种类和数量,或者采用幼苗萌发法统计由种子库萌发的幼苗种类和数量，其中幼苗萌发法是首选方法。根据种子库评估结果和恢复区历史植被的物种构成情况，确定应该添加和补充的物种种类和种子数量。湿地植物的种子萌发和立苗受生境水位的影响，因此，恢复区域的微地形和水文情势决定恢复植被的物种结构。因此，生境条件改造既要考虑种子库物种萌发需求，也要考虑萌发后的生长和繁殖需求。恢复区的管理重点主要包括监控重建植物的繁殖及影响其繁殖成功的限制因子，例如繁殖时的生境条件，传粉者的质量和数量等。同时，应该去除种子库中可能萌发的具有强拓殖能力的外来物种。此外，对种子库中恢复的珍稀濒危物种，应该采取适当人工抚育，帮助其建群和扩散。

6. 严重受损湖区创建生态系统修复条件的人工强化技术

严重受损湖区不具备自然修复的基础条件，需要采用人工强化措施，创造生态系统修复的条件，技术的重点是生境条件改善。针对滇池草海等湖泊底泥有机质高、磷氮污染严重的特征，实施污染底泥的原位固化技术，筛选出固磷能力较强的复合材料，对湖泊底泥覆盖，有效抑制总磷释放。固化处理不会影响沉水植物伊乐藻和轮叶黑藻的生长，相反还具有一定的促进作用。当固化处理与沉水植物种植联合应用时，比单一处理方式更能有效地控制底泥中磷和氮向水体中的释放。在重污染湖区，通过水体造流增氧，能有效改善泥/水界面的溶解氧状况，缓解内源磷释放的影响。通过局部高程的调整，既可满足挺水植物正常生长的水位要求，也能将挺水植物限制在湖岸的狭窄区域，减缓湖泊的沼泽化进程。

7. 沉水植被构建关键技术

沉水植被重建是湖泊生态系统重建的关键所在，沉水植被在构建草型清水稳态生态系统过程中起到基本构架作用，是食物链赖以存在的物质基础和维持生态系统清水稳态的必要条件。沉水植被构建的关键在于改善生境条件，根据环境条件选择合适的先锋种和建群种，促进沉水植被的扩增。解析湖泊水环境现状基础上，对恢复沉水植被的基本条件进行分析。沉水植被的定植与构建采用断枝或整株繁殖方式。例如，轮叶黑藻在浅水区采用枝尖插植、营养体移栽方式进行定植，而在深水区则采用整株种植方式进行定植；轮叶黑藻在 4 月种植，通过自然扩增，一个月后可建立起优势群落，覆盖度达到 50%左右；6 月份群落继续快速扩增，其覆盖度可达 80%以上。通过对沉水植被的盖度进行调控，有利于维持系统的稳定性，水体景观改善效果十分显著。构建的沉水植被对水环境的改善作用明显，可显著降低浊度、氮、磷及有机污染负荷。

8. 受损湖滨岸带基底修复及湿生乔木湿地构建技术

该技术主要是利用湖泊底泥对生境条件恶劣的受损湖滨岸带进行基底修复，主要采用在目标水域外沿构筑简易围埝，将疏浚的湖泥按设计高程要求吹填至基底修复工程区内，提高湖滨带基底高程以降低水深，恢复湖滨带缓坡地形以形成湖泊消落带，改善湖泊沿岸带自然条件，为湖泊沿岸带生态修复创造良好的生境条件。在此基础上，构建以湿生乔木为主的湖滨湿地，其中湿生乔木植物种植区域选择主要包括堆土沼泽、沼泽、湖滨浅水区等水深小于 0.5 m 的湖滨区域，湿生木本植物物种选择主要包括耐水性较强的柳树、水杉、中山杉、池杉、竹子等，湿生灌木物种选择主要包括耐水性较强的滇鼠刺和杞柳等。形成由水生植物向湿生乔木植物逐步过渡的湖滨湿地生态结构。

8.2　生态修复工程的效益评估

8.2.1　绩效评估方法

工程绩效评估是对工程项目管理的重要手段。本研究针对云贵高原湖泊生态修复工程效益的特点，从生态效益、经济效益和社会效益三个方面选取评价指标，建立相应的综合效益评价指标体系，通过指标赋值打分法开展评估。

8.2.2　评估体系指标构成与选取

1. 评估体系指标构成

云贵高原湖区生态修复工程绩效评估体系指标构成包括：①水质净化价值，依据工程建设前后 N、P 削减量，结合环境资源现实的生态补偿标准或治理成本，估计湖泊缓冲带水质净化效应的价值；②涵养水源价值，利用影子工程法，参照单位面积沼泽湿地涵养水源量，结合单位库容建设投资成本计算求得；③生物多样性价值，依据湿地生态系统在保护生物多样性方面的效益，结合湖泊缓冲带总面积估计保护生物多样性的价值；④提供物种栖息地价值，按照单位面积湿地的避难所价值，结合湖泊缓冲带总面积估算；⑤提供就业机会价值，生态工程所需管护人员数量乘以管护人员平均工资；⑥科研文化价值，对我国单位面积湿地生态系统科研价值的平均值乘以一个系数，并结合湖泊缓冲带总面积，估算得出湖泊缓冲带年科研文化价值；⑦社会稳定价值，采用条件价值评估法，调查本地居民支付意愿；⑧旅游休闲价值，采用旅行费用法间接估算旅游休闲价值；⑨降低供水不足风险价值，依据当地居民日常使用水量、水价及蓝藻暴发持续的时间等因素，间接评估湖泊缓冲带生态工程降低供水不足风险带来的价值。

2. 评估指标选取原则

1）客观公正、全面系统

绩效评价针对生态环境项目自身的特点，采取科学的方法和指标，评估工程的生态环境效益和社会经济效益，使得绩效评价结果客观、公正。

在选取指标的过程中，选取的指标能够全面反映目标层的各个方面，避免遗漏。在考虑评估指标时还要有系统的观念。既要有系统地考虑问题、系统地收集信息、系统地确定评估指标体系，又要有系统地考虑如何使用指标进行综合评估项目各个方面的思想。

2）定量评估与定性评估相结合

指标评估应坚持定量与定性相结合原则，在生态修复工程中，效益评估尽量具体、定量，同时考虑生态工程自身特点，对缺乏定量依据的指标采用定性评估。

3）体现生态环境工程特色

湖泊修复工程主要目标是保护湖泊生态环境，因此绩效评估以生态环境效益为重点。同时由于湖滨带生态工程的建设也具有较重要的社会和经济效益，因而，绩效评估也将工程的社会效益和经济效益作为有益的补充。

生态效益评价指标应考虑：水质净化、涵养水源、维持生物多样性、提供物种栖息地、大气调节；社会效益评价指标应考虑：提供就业机会、科研文化效益、居民对环境满意度提升；经济效益评价指标应考虑：旅游休闲、提供水产品、降低供水不足的风险等。

8.2.3　指标评分方法

本研究生态修复工程项目绩效评估结果分为优、良、中、差四等，各项打分方法参照表 8.1 至表 8.4 标准，具体打分方法可参考比较法与专家法等。

表 8.1　湖滨缓冲带修复工程绩效评估指标评分标准表

绩效评估指标	权重	评分指标	评分标准			
			优（90%~100%）	良（70%~90%）	中（60%~70%）	差（<60%）
（一）生态环境效益 80%	1. 基底修复生境适宜性改善效益 15%	（1）基底改善与湖滨带生境修复目标的相符性（55分）	基底适合生态修复后植被生长，符合本土生物生境特征	基底修复后与本土生物生境相符性较好	基底修复后与本土生物生境相符性一般	基底修复后与本土生物生境相符性较差
		（2）修复后的基底稳定性（45分）	基底无崩塌、碎裂、变形，1年后损坏率<5%	1年后损坏率少于10%	1年后损坏率少于20%	1年后损坏率少于30%
	2. 湖滨带生物群落优化及多样性改善效益 25%	（1）湖滨带植被（60分）	植被多样性接近中度，生物量显著增加，群落结构较完整	湖滨先锋植被恢复良好，生物多样性明显提高，群落结构较完整	湖滨先锋植被被恢复良好，生物多样性明显提高	先锋植被恢复较差
		（2）底栖动物（16分）	与对照区相比，多样性改善，桡足类增加，有大型软体动物	与对照区相比，底栖动物多样性改善，桡足类增加	与对照区相比，底栖动物多样性改善不明显	与对照区相比，底栖动物多样性降低
		（3）鱼类及其栖息地（12分）	鱼类栖息地得到很好改善	鱼类栖息地得到较好改善	鱼类栖息地改善一般	鱼类栖息地未明显改善
		（4）鸟类（12分）	更适宜鸟类繁衍生长，工程区鸟类增多	湖滨鸟类栖息地得到较好改善	湖滨鸟类栖息地改善一般	湖滨鸟类栖息地未得到明显改善

续表

绩效评估指标	权重	评分指标	评分标准			
			优（90%～100%）	良（70%～90%）	中（60%～70%）	差（<60%）
（一）生态环境效益 80%		3. 污染削减与水质改善效益 30%	（1）"三退"工程污染直接削减效益（15分）	"三退三还"完成，污染直接削减效益好	"三退三还"基本完成，污染直接削减效益较好	"三退三还"大部分完成，有一定的污染削减效益	"三退三还"及污染直接削减效益较差
			（2）湖泊水质改善效益（85分）：1）湖滨带截留净化效益（35分）	N、P 截留量皆不低于 400 t/a	N、P 截留量皆不低于 350 t/a	N、P 截留量皆不低于 300 t/a	N、P 截留量皆不低于 250 t/a
			2）湖滨带水质改善效益（25分）	湖滨带水质改善，并更加稳定	湖滨带水质有改善，但不稳定	工程区局部水质改善	湖滨带水质改善不明显
			3）湖泊整体水质改善效益（25分）	湖泊水质恶化趋势得到遏制	湖泊水质恶化趋势有改善	湖泊水质恶化趋势没有明显改善	湖泊水质恶化趋势加剧
		4. 大气调节价值评估 10%	大气调节价值	周围大气环境得到很好的改善，O_2 产量高	周围大气环境有改善	周围大气环境改善效果不明显	大气调节作用不明显
（二）社会效益 12%			1. 景观休闲娱乐效益（20分）	景观休闲娱乐景点增加，风景更加优美	景观休闲娱乐景点有所改善，风景有所改观	景观休闲娱乐和风景效益较好	景观休闲娱乐和景观效益没有改观
			2. 示范宣传教育效益（20分）	示范宣传教育效益明显	有较好的宣传教育效益	能起到宣传教育作用	不能起到宣传教育作用
			3. 就业效益（20分）	高于行业平均 0.17 人/万元	不低于 0.10 人/万元	不低于 0.07 人/万元	不低于 0.06 人/万元
			4. 公众满意度（20分）	不低于 85%	不低于 75%	不低于 65%	不低于 60%
			5. 科研教育价值（20分）	科研教育价值高	科研教育价值较高	有科研教育价值	没有科研教育价值
（三）经济效益 8%			1. 旅游休闲价值（30分）	因湖泊环境景观改善而来的游客人数显著增加	周边地区来湖泊游客增加	游客增长率不低于本市同期水平	游客增长率低于本市同期水平
			2. 水产品品质增加效益（35分）	水产品品质提升	主要水产品品质提升	有些水产品品质提升	水产品品质保持原样
			3. 景观地产增值效益（35分）	地产增值突出	地产增值略高于周边地区	地产增值幅度等于周边地区	地产增值幅度小于周边地区

表 8.2　底泥污染控制工程绩效评估指标评分标准表

绩效评估指标	权重	评分指标	优（90%~100%）	良（70%~90%）	中（60%~70%）	差（<60%）
（一）生态环境效益	80%	1. 水体氨氮浓度 mg/L（40分）	≤0.5	0.5~1.5	1.5~2.0	≥2.0
		2. 水体总 P 浓度 mg/L（40分）	≤0.02	0.02~0.1	0.1~0.2	≥0.2
		3. 湖泊水体透明度（20分）	透明	较透明	一般	透明度较差
（二）社会效益	12%	1. 景观休闲娱乐效益（20分）	景观休闲娱乐景点增加，风景更加优美	景观休闲娱乐景点有所改善，风景有所改观	景观休闲娱乐和风景效益较好	景观休闲娱乐和景观效益没有改观
		2. 示范宣传教育效益（20分）	示范宣传教育效益明显	有较好的宣传教育效益	能起到宣传教育作用	不能起到宣传教育作用
		3. 就业效益（20分）	高于行业平均0.17 人/万元	不低于0.10 人/万元	不低于0.07 人/万元	不低于0.06 人/万元
		4. 公众满意度（20分）	不低于 85%	不低于 75%	不低于 65%	不低于 60%
		5. 科研教育价值（20分）	科研教育价值高	科研教育价值较高	有科研教育价值	没有科研教育价值
（三）经济效益	8%	1. 旅游休闲价值（30分）	因湖泊环境景观改善而来的游客人数显著增加	周边地区来湖泊游客增加	游客增长率不低于本市同期水平	游客增长率低于本市同期水平
		2. 水产品品质增加效益（35分）	水产品品质提升	主要水产品品质提升	有些水产品品质提升	水产品品质保持原样
		3. 景观地产增值效益（35分）	地产增值突出	地产增值略高于周边地区	地产增值幅度等于周边地区	地产增值幅度小于周边地区

表 8.3　蓝藻水华控制工程绩效评估指标评分标准表

绩效评估指标	权重	评分指标	优（90%~100%）	良（70%~90%）	中（60%~70%）	差（<60%）
（一）生态环境效益	80%	1. 藻类密度（a, 万个/L）（40分）	$a<20$	$20\leqslant a<1500$	$1500\leqslant a<10000$	$a\geqslant10000$
		2. 湖泊水体透明度（35分）	透明	较透明	一般	透明度较差
		3. 湖泊整体水质改善效益（25分）	湖泊水质恶化趋势得到遏制	湖泊水质恶化趋势有改善	湖泊水质恶化趋势没有明显改善	湖泊水质恶化趋势加剧

绩效评估指标	权重	评分指标	评分标准			
			优（90%～100%）	良（70%～90%）	中（60%～70%）	差（<60%）
（二）社会效益	12%	1. 景观休闲娱乐效益（20分）	景观休闲娱乐景点增加，风景更加优美	景观休闲娱乐景点有所改善，风景有所改观	景观休闲娱乐和风景效益较好	景观休闲娱乐和景观效益没有改观
		2. 示范宣传教育效益（20分）	示范宣传教育效益明显	有较好的宣传教育效益	能起到宣传教育作用	不能起到宣传教育作用
		3. 就业效益（20分）	高于行业平均0.17人/万元	不低于0.10人/万元	不低于0.07人/万元	不低于0.06人/万元
		4. 公众满意度（20分）	不低于85%	不低于75%	不低于65%	不低于60%
		5. 科研教育价值（20分）	科研教育价值高	科研教育价值较高	有科研教育价值	没有科研教育价值
（三）经济效益	8%	1. 旅游休闲价值（30分）	因湖泊环境景观改善而来的游客人数显著增加	周边地区来湖泊游客增加	游客增长率不低于本市同期水平	游客增长率低于本市同期水平
		2. 水产品品质增加效益（35分）	水产品品质提升	主要水产品品质提升	有些水产品品质提升	水产品品质保持原样
		3. 景观地产增值效益（35分）	地产增值突出	地产增值略高于周边地区	地产增值幅度等于周边地区	地产增值幅度小于周边地区

表 8.4　水生植物恢复与水生态调控工程绩效评估指标评分标准表

绩效评估指标	权重	评分指标	评分标准			
			优（90%～100%）	良（70%～90%）	中（60%～70%）	差（<60%）
（一）生态环境效益 80%	1. 沉水植被面积恢复和植被的群落结构改善效益 50%	（1）水生植被（70分）	水生植物群落结构明显改善；多样性接近中度，生物量显著增加，群落结构较完整；入侵植物蔓延势态得到有效控制	植被恢复良好，生物多样性明显提高，群落结构较完整	植被恢复良好，生物多样性明显提高	植被恢复较差
		（2）底栖动物（16分）	底栖动物多样性明显改善	底栖动物多样性改善	底栖动物多样性改善不明显	底栖动物多样性降低
		（3）鱼类及其栖息地（14分）	鱼类栖息地得到很好改善	鱼类栖息地得到较好改善	鱼类栖息地改善一般	鱼类栖息地未明显改善

续表

绩效评估指标	权重	评分标准				
		评分指标	优（90%～100%）	良（70%～90%）	中（60%～70%）	差（<60%）
（一）生态环境效益 80%	2. 污染削减与水质改善效益 30%	湖泊水质改善效益（100分）	湖泊水质恶化趋势得到遏制	湖泊水质恶化趋势有改善	湖泊水质恶化趋势没有明显改善	湖泊水质恶化趋势加剧
（二）社会效益 12%		1. 示范宣传教育效益（25分）	示范宣传教育效益明显	有较好的宣传教育效益	能起到宣传教育作用	不能起到宣传教育作用
		2. 就业效益（25分）	高于行业平均0.17人/万元	不低于0.10人/万元	不低于0.07人/万元	不低于0.06人/万元
		3. 公众满意度（25分）	不低于85%	不低于75%	不低于65%	不低于60%
		4. 科研教育价值（25分）	科研教育价值高	科研教育价值较高	有科研教育价值	没有科研教育价值
（三）经济效益 8%		1. 旅游休闲价值（30分）	因湖泊环境景观改善而来的游客人数显著增加	周边地区来湖泊游客增加	游客增长率不低于本市同期水平	游客增长率低于本市同期水平
		2. 水产品品质增加效益（35分）	水产品品质提升	主要水产品品质提升	有些水产品品质提升	水产品品质保持原样
		3. 景观地产增值效益（35分）	地产增值突出	地产增值略高于周边地区	地产增值幅度等于周边地区	地产增值幅度小于周边地区

8.3　生态修复工程的运行维护与管理

　　为进一步提高我国湖泊修复工程技术和管理水平，确保修复工程安全、稳定、高效运行，实现修复工程科学管理、规范作业、安全维护且长效运行，达到修复受损湖泊、保护生态环境的目的，根据修复对象类型，将受损湖泊水体修复工程划分为湖滨带生物多样性恢复工程、缓冲带生态构建工程、环保疏浚工程、原位覆盖工程、蓝藻水华控制工程、水生植物恢复与水生态调控工程等。

　　本研究针对单项修复工程特点，提出了包括修复工程设施维护、植被群落栽种与收割管理、动植物生物量控制、植物残体与蓝藻打捞等诸多方面在内的操作要求,有助于指导湖泊水体修复工程的维护管理工作,改善修复工程的运行效果,提高修复工程的管理水平,为修复工程的良性运行提供保障。

8.3.1　湖滨带生物多样性恢复工程

1. 工程设施维护

对运行期的工程设施定期检查维护,发现功能障碍或损坏则及时清理和维护,发现严重问题则及时报告相关管理部门并采取措施。对于维护期工程设施要做好巡查,特殊设施要做好保温,同时定期检查维护,目的是做好工程设施的维护及保护,防止自然因素和人为因素对工程设施造成损害。

1）主要工程及管理设施维护措施

护岸（坡）建（构）筑物维修养护。确保墙体结构无裂缝,相邻段无错动,止水正常;护脚表面无异常变形、无冲动走失,护脚平台及坡度平顺;坡面平整、完好,护坡上无杂草、杂树和杂物等。

管理设施维修养护。确保观测设施与其保护设施完好,能正常进行观测;标识标牌字迹清晰,无丢失或损坏现象;管理房结构安全,无损坏、漏雨现象;照明设施工作正常,保护设施完好。

2）工程设施维护管理的实施

管理单位或管理责任主体应制订工程设施维修养护制度,明确修复工程日常养护的项目、内容、方式、频次、质量标准、考核办法以及工程维修项目实施的程序、检查、验收等管理要求。管理单位或管理责任主体应定期开展工程设施维修养护工作,及时修补表面缺损,保持设施的完整、安全和正常运用。维修养护工程完工后应及时验收、资料存档。工程设施存在损坏、影响修复工程正常运行时,管理单位或管理责任主体应及时维修。管理单位或管理责任主体应定期开展维修养护的检查工作,并进行记录。

2. 生态管控

1）植物的日常管理

对于湖滨带的水生植物要做好日常的维护工作,以保证修复工程良好的生态恢复效能。定点定期监测巡查湖滨缓冲带修复工程中的植物,当水生植物不适应新的生存环境时,需及时调整植物种类并重新种植。幼苗期,可加大消浪力度,促进幼苗成活率;及时补种新的植物;每年秋季,在植物死亡之前或遭到霜冻破坏之前需对植物进行收割,可保证植物在来年春天有旺盛的生长。收割后的植物秸秆可作为青贮饲料或干饲料。

沉水植物管理及养护。及时清除水体表面的植物及非目的性沉水植物。沉水植物长出水面影响景观时,应进行人工打捞或机割。对于浮出水面的死株,应及时清除。对于成活率不能达到设计要求的要进行补植。根据沉水植物种类的不同,一年收割 1 次,枯萎 1 周内开始收割,收割方式为机收割或人工打捞。台风、大风、大雨天气后 2~3 天,检查沉水植物的冲毁情况并及时补植。

挺水植物的管理及养护。每周巡查两次,及时修剪枯黄、枯死和倒伏植株,及时清理滨岸带挺水植物周围的杂物或垃圾。定期去除杂草,除草时注意不要破坏植被根系;对于生态浮岛上种植的挺水植物,不要破坏浮岛单体。冬至后至立春萌动前应对枯萎枝叶进行删剪。对于滨岸带种植的挺水植物,在春、夏季每月修剪一次,去除扩张性植物和死株,并适当修剪、挖除过密植株,以维持系统的景观效果。修剪下的植株要及时清除,防止蚊蝇滋生和影响景观。因病虫害等原因造成某个或某些植被死亡时,应将植被撤出,并进行相应的补种;当植物有严重病虫害时,应撤出后再喷洒杀虫剂处理。

浮叶植物的管理及养护。每周巡查一次,及时打捞枯黄、枯死和倒伏植株,及时清除浮叶植物上的枯枝落叶。冬季霜冻后部分枯死植株及时打捞清理。及时清除岸边浅水区的挺水类杂草,以及采用人工打捞方法去除水面非目的漂浮植物。对因各种原因造成成活率较低、覆盖水面达不到设计要求的需要补植。

2)植物收割

进入冬季后,生态调控工作主要是对植被进行收割。如果冬季来临前水生植物量较大,任其自生自灭会带来大量的二次污染,因此对湖滨带水生植物应实施冬季收割。冬季 11 月份收割,原则上湖滨带挺水植物完全收割,以人工收割为主;浮叶、沉水植物不收割,以打捞死亡残体为主,浮叶植物堆积区应重点打捞。挺水植物收割面积超过 3000 m²,沉水植物超过 1000 m² 的区域,适宜采用机械收割,小于此面积则适宜人工收割。

挺水植物茭草、香蒲等收割宜在 7~8 月间进行,以二次污染控制为目标的收割,茭草适宜在 11 中旬进行,香蒲宜在 1 月进行。以群落管理为目的的收割,当水深大于 50 cm 时,宜沿水面收割。当水深小于 50 cm 时,可沿泥面上 30 cm 以上位置收割。而以二次污染控制为目的的收割,则沿泥面上 20 cm 进行完全收割。在强化管理区,挺水植物茭草每年进行 2 次收割,第一次在 8 月上旬进行,第二次在 11 月中旬进行。

3)水生植被恢复

浅根系沉水植被恢复。土壤-植株复合体直接抛植,或用无纺布包裹种植土和植株根部,抛掷入水中,根部沉入水底,植株起初借助包裹内的种植土生长。适用于底部浆砌或无软底泥发育的水系,单生沉水植物以及因苗源紧张采用扦插法种植的沉水植物,如黑藻、伊乐藻、竹叶眼子菜等,对水深没有要求。

深根系沉水植被恢复。当种植区水的透明度不够或种植后要立即有效果的,可将沉水植物先栽种在营养板或钵中，培养高壮的植株后种植。

挺水植被的恢复。挺水植被的恢复需要做平整处理，并进行水下地貌塑型，造成一个整体相对平整、局部高程有起伏的水下地形，有利于浅滩湿地的恢复。通过先锋植物的引入，改善群落环境，逐步构建以芦苇群落、荻群落、煎群落、莲群落、香蒲群落以及黄花水龙为主体等水生植物镶嵌群落。

浮叶植被恢复。浮叶植物对水质有比较强的适应能力，它们的繁殖器官如种子（菱角、芡实）、营养繁殖芽体（菩菜莲座状芽）、根状茎（药菜）或块根（睡莲）通常比较粗壮，储存了充足的营养物质，在春季萌发时能够供给幼苗生长直至到达水面。它们的叶片大多数漂浮于水面，直接从空气中接受阳光照射，因而对湖水水质和透明度要求不严，可以直接进行目标种的种植或栽植。菱以撒播种子最为快捷，且种子比较容易收集。菩菜的种子较大，发芽率高，但在水较深的区域种植成苗率比较低，种植主要采用移苗方法。金银莲花于深秋季节在茎尖上能形成一种特化的肉质莲座状芽体，到了秋冬季节植物体这种芽体便掉落在湖底越冬，来年春天可以萌发生长成新的植株，因此在秋季采集营养芽进行撒播比较适宜。睡莲通常是在早春季节萌芽前移栽块茎，同时也可以移栽幼苗甚至已经开花的植物体，成活率都很高。浮叶植物区布置在挺水植物外缘，与挺水植物区相衔接，栽种的覆盖率低于30%为宜，栽种的植物品种主要为睡莲、黄花菩菜、萍蓬草、金银莲花等。植物的维护频次可参见表8.5。

表 8.5 大多数水生植物维护频次

项目	日常巡查	季节性修剪（夏季）
水面环境	每日 1 次	—
挺水植物	3～4 次/周	1～2 次/月
浮叶植物	每日 1 次	2～3 次/月
沉水植物	3～4 次/周	2～3 次/月

沉水植物只有在一定的生物量范围内，达到了一定的生物多样性，才可维持水质的稳定。当沉水植物出现表 8.6 情况时，必须根据实际情况，调整群落结构，适时补种或者抑制某些种群植物生长。

表 8.6 沉水植物生长指标预警范围

指标	夏秋	春冬
生物量/（g/m²）	<2000 或>6000	<600
覆盖度/%	<60 或>80	<30
多样性指数	<0.8	<0.5

3. 底栖动物及鱼类调控

为使生态系统趋于完整化和多样化，需要以水生植物恢复为核心，既要引进大型的鱼类，也要注重底栖动物、细菌、放线菌等微生物的恢复，控制浮游生物，辅助构建完善的食物链，提高食物网的复杂程度，既能发挥鱼类的下行效应，也能发挥微生物的上行效应。对于底栖动物及鱼类调控应注意如下几个方面：

种类选择。主要选择圆田螺、环棱螺、皱纹冠蚌、三角帆蚌、无齿蚌等作为底栖动物群落调控种类。除了大型软体动物较容易调控外，选择螺、蚌类的主要原因与其摄食习性有关。由于鲤鱼、鲫鱼、鲹条、鲌类等杂食性和食浮游动物鱼类较多，对形成清水生态系统不利，为控制这些鱼类，鱼类群落构建投放的种类以肉食性鱼类为主，肉食性鱼类可选择乌鳢、鳜鱼、鳡鱼、大口鲶等。

种类密度。因为螺、贝类自身富含营养物质，大量死亡所引起的二次污染将可能对受调控水体环境造成灾难性的破坏，因此底栖动物的放养密度不能过高，螺类密度一般在 $5\sim10$ 个/m²，蚌类密度一般为 $1\sim2$ 个/m²。肉食性鱼类乌鳢、鳜鱼的放养密度范围为 $10\sim20$ 尾，放养时间 $3\sim4$ 月。放养规格为 10 cm 左右的个体。在投放前，要先期投放一部分鲫、鳙、鲢及杂鱼（如泥鳅、棒花鱼等）。

水质风险分析与注意事项。密度大可能造成死亡，污染水质，要根据水生植物恢复情况进行分批多次放养，先投放螺 1 个/m²、蚌 0.2 个/m²，根据监测的结果确定是否继续放养，避免高密度所造成的软体动物死亡及二次污染问题。

鱼类群落的监管措施。对鱼类的种群、数量须进行一定程度的控制。若随意放生野杂鱼类可能会把沉水植物过度吞食，影响生态系统稳定性，所以必须对影响生态系统的鱼类种群进行监管和调控。肉食性鱼类和其他鱼类投放入湖泊后，观察肉食性鱼类的死亡状况；每年 $10\sim11$ 月用丝网或撒网捕获方式监测鱼类相对数量和比例，为是否捕获相关鱼类和下一年是否投放鱼苗提供参考。

4. 动植物群落优化配置

在恢复初期，筛选具有较大生态耐受范围及较宽生态位的先锋植物种类，以适应初期的生境环境，补充缺失植物带，初步构建水生植物序列；恢复中期，植物配置以填补空白生态位为主，对群落结构进行优化，使原有群落逐渐稳定；恢复后期，应充分考虑湖滨动植物整体生态系统的健康性、稳定性，全面恢复水鸟、鱼类、底栖动物、水生植物等高级生态系统，保育和维护湖滨带生物多样性。植物物种选择上，以生物多样性保护为主的修复区，应根据历史调查数据，确定合理的物种数及种类，在此基础上，尽量多的选择物种；以入湖径流净化为主的修复区，应选择污染物富集能力强的本土物种；以水土保持与护岸为主的修复区，应选择固土能力强的物种。

水生植物群落的配置常以植被的历史演变特征或相近健康湖滨带的群落结构为参考，配置多种、多层、高效、稳定的植物群落，主要措施包括确定合适的物种数、进行合理的空间配置和季节性演替节律匹配等。一般情况下，由沿岸向湖心方向依次配置由乔灌草、挺水植物、浮叶植物和沉水植物所组成的植物系列。节律匹配可保证植物群落生态环境功能具有较强的周年连续性。

植物种类选择和群落构建应尽量选择较多植物种类，避免物种单一。在植物配置上，植物混交在很大程度上提高了产量并增加了对诸如食草害虫的抵抗力。在湖滨带生态修复中需要选择较多的植物搭配种类，以及采用乔灌草搭配的立体种植方式，以及根据立地条件和水位高程配置不同挺水、浮叶、沉水植物。确定物种之间及其与环境之间的多种相互作用，以及各种生物群落、湖滨带生态系统及其生境与生态过程的复杂性，从而达到湖滨带生态系统的稳定性。通过栖息地生境营造、食物补充、人工招引和野化放归等措施，实现湖滨动物群落优化配置。生境营造包括调整水位及水域面积、营造生境阻断、恢复自然驳岸、营造鱼洞和微生境等。通过一定的措施或生境干扰，调整各种群组成的比例和数量、种群的平面布局，以优化种群稳定性。主要措施包括生境控制、人工捕捞收割、引入竞争种等，但在引入时要谨慎。

8.3.2　底泥污染控制工程

1. 环保疏浚工程

对于环保疏浚工程，工程的运行维护主要是加强工程施工后底泥和水质的监测，以便及时发现问题并采取处理措施，防止底泥中的污染物过多地二次释放到湖泊水体中。对工程施工后的区域的底泥进行物理、化学指标分析，查明工程区内底质土层性质。物理指标包括底泥常规物理力学性质、底泥质地、底泥含水率等；化学指标包括营养盐、重金属及有机类污染物的含量及分布规律等。

底泥采样一般分为人工与机械两种，对于工程区底泥物理力学指标测定所需样品采集主要采用机械采样，采样设备包括工程钻机及污染底泥快速取土装置。对于工程区底泥物理化学指标测定所需样品采集，风浪较小、环境条件较好，而且水深浅、污染底泥厚度较薄的湖泊河流可采用人工采样，由采样人员使用安装在连接杆上的采样器采样，人工底泥采样器主要有抓斗和柱状采样器两种。

2. 原位覆盖工程

底泥原位覆盖工程的维护管理包括施工后覆盖层厚度的监测和湖泊水质的监测。由于原位覆盖工程是利用有阻隔作用的材质覆盖于污染底泥上，将底泥中的污染物与上覆水分隔，从而减少底泥中污染物向水体的释放能力，所以施工后覆盖层的完整性是保证此项工程持续发挥作用的关键。通过对覆盖层的厚度监测，对工程的运行情况评价。考虑覆盖层厚度监测难度较大，可根据工程具体运行状况延长监测周期。

8.3.3　蓝藻水华控制工程

对于运行期工程设施要进行定期检查维护，发现功能障碍或有损坏时，要及时清理和维护，发现严重问题时要及时报告相关管理部门并采取必要的管护措施。对于维护期工程设施要做好巡查，特殊设施要做好保温，同时定期检查维护，检查周期可较运行期长，目的是做好工程设施的保护工作，防止自然因素和人为因素对设施造成损害。

1. 工程设施维护管理

工程设施维护措施主要包括确保观测设施与其保护设施完好，能正常进行观测；标识标牌字迹清晰，无丢失或损坏现象；管理房结构安全，无损坏、漏雨现象；照明设施工作正常，保护设施完好。

2. 生物控藻措施及管理

控制鲢鳙投放量，增加土著鱼类投放比例，突破藻类生物控制从非经典为主转变为经典和非经典并重的生物控藻模式。以鲢：鳙=9：1 的比例投放鲢鳙，规格为 250～400 g/尾；捕捞时间为每年的 10 月底；捕捞规格为 3～4 龄；在水华期（8～11 月）可削减藻类生物量 10%～15%。为有效提升湖泊大型浮游动物数量以强化经典控藻功能，可实施银鱼特许捕捞（7～8 月），削减 30%～50%的银鱼种群。

8.3.4　水生植物恢复与水生态调控工程

1. 湖泊水位调控

根据气象及水文部门对基本气象及湖泊净入水量分析，结合湖泊水位及水质，将水位调控分为四个阶段，即冬春低温期（1～3 月），植被复苏生长期（4～6 月），汛期蓄水期（7～10 月），植物衰亡期（10～12 月）。在确保生活与生产用水的情况下，在植被复苏生长期适度调低水位，在蓄水期加大出流力度，通过逐月水位控制发挥生态用水功能。根据水质适时调整湖泊出流流量，采用"五日一检查，十日一平衡，一月一调整"的办法科学调度湖泊水资源。

2. 水生植物繁殖体补充

在水生植被修复与管理过程中，既要通过无性繁殖体来提高修复效率，也要注重有性繁殖体与无性繁殖体的合理搭配,在种群遗传结构的层面上提高多样性,使人工修复种群具有一定的抵御环境变化风险的能力。

苦草可在水下弱光条件下生存,分株繁殖快,苦草种子播撒便利,种子萌发率高,适合在深水区域恢复;黑藻适合于水下中等光照条件下生存,群落生物量大,芽苞繁殖体播撒便利,幼苗存活率高,适合在中等水深恢复;海菜花花型花色美观,具有较大经济价值,幼苗对水下光照要求高,适合在浅水区域恢复。

苦草播种期在 4 月初至 5 月上旬,播种前先晒种一天,再浸泡一夜,搓出果实内种籽,漂洗干净,用半干半湿的细土拌种洒播;播撒在底质为沙质黏土的水域;适宜水深为 4.5~7.0 m。黑藻播种期在 3 月下旬至 4 月下旬,采用拌泥沙方式进行撒播。芽苞选择长 1~1.2cm,直径 0.4~0.5 cm,芽苞粒硬饱满,呈葱绿色,播撒在底质为软泥或淤泥的水域;适宜水深为 2.5~4.5 m。海菜花播种期在 4 月初至 5 月上旬,幼苗株高 30~50 cm,移栽密度 2 株/m²;移栽在底泥为软泥和沙质黏土的水域;适宜水深为 0.85~1.5 m。

3. 水生植被群落优化工程管理

需要对灌乔木区的林下植被进行整理,清除外来入侵植物(飞机草、喜旱莲子草、粉绿狐尾藻和水葫芦等)和部分杂草,清理垃圾和部分废弃建筑物。对于乔灌木面积大的地区,为了管理管理方便,需要建设一定长度管理栈道。

挺水植被。植物种类:芦苇、莲、香蒲、黑三棱、水葱、菖蒲和慈姑。空间布局:以芦苇和莲为主构建成片分布挺水植被,香蒲呈斑块嵌于芦苇分布区的外边缘,水葱呈斑块分布,黑三棱、菖蒲和慈姑呈细带状分布。

浮叶植被。植物种类:菱、荇菜、水鳖、睡莲。空间布局:以菱和水鳖为主构建成片分布浮叶植被,荇菜呈斑块或成片分布,睡莲呈斑块分布。

沉水植被。植物种类:苦草、黑藻、海菜花、马来眼子菜、光叶眼子菜。空间布局:以苦草和黑藻为主构建成片沉水植被,马来眼子菜和光叶眼子菜呈斑块镶嵌于苦草和黑藻群落中,近岸以海菜花呈斑块分布。

4. 水生植物收割

水生植物是湖泊生态系统的重要组成部分,是主要的初级生产者之一,是湖泊生态系统的物质循环和能量流动的重要环节;可以稳定和改善底质,增加溶氧,吸附悬浮物,抑制藻类生长;能为多种动物提供休憩、繁殖或避难场所,是维持湖泊生物多样性的重要因素之一。但是近年来,因养殖结构不合理、浮游藻类过量生长、水位剧烈波动、透明度降低等原因导致湖泊大部分区域沉水植物的数量与多样性锐减,单优化十分严重。沉水植被分布面积的锐减反过来加剧了浮游藻类的过量生长和透明度的降低。

由于目前洱海等湖泊沉水植物群落的结构单优化严重，而局部水域优势物种（如微齿眼子菜、金鱼藻和菱角）过度生长，对于生物多样性的维持非常不利。繁茂的沉水植物能阻碍水的流动，使局部温度过高或过低，引起 pH 和营养成分条带化；影响湖泊的景观休闲功能，妨碍人们游泳、垂钓和划船等活动，甚至阻塞航道，影响船只通航；脱落残体或死亡的植物体的堆积，以及悬浮物的截留和沉积可加速湖泊的沼泽化；植物的夜间呼吸可显著降低水中的溶解氧，残体的腐烂也消耗大量氧气，释放大量营养盐，引起鱼类的大量死亡，使水体环境更加恶化，破坏湖泊的正常功能；强烈的种间竞争使植物物种单一化；另外，大量的沉水植物为很多小型鱼类提供避难场所，可能会引起不合理的鱼类结构。因此，在目前沉水植被短期内无法大面积恢复的情况下，对现有沉水植被的优化管理对于防止湖泊生态系统持续恶化有这十分重大的意义。

挺水植物收割。植物种类：芦苇、茭草、香蒲、荷、水葱和莎草等挺水植物；收割方式：人工收割，陆域的挺水植物在地表以上 5 cm 处收割，水域的挺水植物在水面下 30 cm 处收割；收割时间：11～12 月。

浮叶植物（菱）收割。收割方式：在菱生长幼苗阶段，在水下 0.3 m 处收割菱；清除时间：4 月下旬、5 月中旬和 6 月上旬各收割一次；清除水域：菱与沉水植物混合分布区。生长期带状收割：在保留菱分布的水域内，使用水草收割船按带状间隔收割菱，收割船的刀具水深控制在水深 0.5 m；收割带宽度为 5 m，收割条带的间隔为 10 m；收割时间 6～7 月收割一次。生长末期全部收割：在保留菱分布的水域内，使用水草收割船将菱全部收割，收割船的刀具水深控制在水深 0.5 m；收割时间 8～9 月收割一次。

沉水植物生长控制。金鱼藻密集分布区，使用机械除草船收割表层 80 cm 金鱼藻；收割时间为 8～9 月。眼子菜控制：在微齿眼子菜密集分布区，使用机械除草船按带状间隔收割表层 80 cm 的眼子菜；收割带宽度为 5 m，收割条带的间隔为 10 m；收割时间为 8 月。

5. 漂浮植物与植物残体打捞

漂浮植物是造成湖湾浅水区域沼泽化的重要因素，在部分湖湾如沙坪湾、海潮湾和洱海月等主要沉水植物分布区，漂浮植物如菱角、浮萍和水绵在夏季大面积覆盖水面并持续恶化。这些植物在生长季末大量死亡，造成局部水体缺氧，危害水生动物生存。对于湖泊近岸 100 m 以内的水域和湖滨带，需要对湖泊近岸水体的垃圾、漂浮物、浮萍和死亡水草等污染物进行日常打捞清理，确保湖泊近岸水域清洁；对于湖滨带的外来水生植物（粉绿狐尾藻和水葫芦等）按季度进行清理；实施时间为 3 月、6 月、9 月和 12 月。

6. 湿地的管护工程

湖泊河口湿地和近岸湿地是湖泊生态系统的重要组成部分，具有净化水质、维持生物多样性和景观等多种功能，加强对已建成湿地的管理，可提升湿地的生态功能。每天对湿地水位进行巡查；做好夏季暴雨期的防洪预案，避免湿地长时间高水位淹没；做好秋季湿地补水工作，避免湿地干枯。1～3 月期间对湿地淤积区域清理，并局部进行微地形整理。3～5 月期间对湿地的植物进行补种。3 月、6 月、9 月和 12 月，清理湿地内外来水生动植物（水葫芦、粉绿狐尾藻和福寿螺等）。挺水植物在 11 月份收割，将地表 5 cm 以上部分全部清除；浮叶和沉水植物在 12 月收割，将水面下 30 cm 的植物全部收割。

8.4　本 章 小 结

根据自然环境的差异性和湖泊环境整治的区域特色，结合湖泊生态修复工程实际情况，本章节对云贵高原湖区生态修复工程情况进行了梳理，并提出了保障生态修复工程长效运行的维护管理技术。基于总结、梳理云贵高原湖区水生态系统演变过程及趋势，识别湖泊水体受损特征、演变趋势及主要影响因素，通过系统收集"水专项"中滇池、洱海等湖泊生态修复已有水体修复技术及工程案例，针对云贵高原湖区的自然地理特征、主要生态功能和水体受损阶段，提出了不同类别修复工程运行维护管理策略。重点考虑运维技术、管理制度、运行机制、资金保障等因素，建立健全受损湖泊修复工程长效运行维护保障机制。保证其稳定运行，以实现云贵高原湖区生态系统长期的健康和稳定。

第 9 章　长江中下游湖泊生态修复工程
运行维护管理

作为我国最重要的经济增长点之一，长江经济带无论在国民经济发展还是维持我国长江生态系统完整性方面均具有至关重要的作用，而长江中下游湖区是我国湖泊主要集中分布区之一，也是我国湖泊富营养化问题较为严重的区域之一。近些年来，由于流域区域经济社会发展及人为活动等影响，湖泊生态退化成为长江中下游地区较为严重的环境问题之一。国家及各级政府已采取了一系列重大举措，其中大力实施湖泊湿地生态修复工程就是重要举措之一，且已取得了一定效，但已实施湖泊生态修复工程的维护管理及运行并没有达到理想的效果。本章节重点介绍长江中下游地区的湖泊生态修复工程维护管理及应用等情况，以期为实现长江中下游湖区湖泊生态修复工程的长效运行提供支撑。

9.1　生态修复工程概况

长江中下游湖区湖泊的控源截污包括优化产业结构，关闭高污染化工企业，建立生态园区，构建形成完备的城乡污染处理体系，对生活污水实行全覆盖，加强面源污染治理，退垦还湖，强化水资源节约循环高效利用等；湖内措施除了蓝藻治理外，还包括实施河网综合整治（河道整治、清淤、拓浚、生态修复）、调水引流工程、湿地防护、控制船舶污染、退渔还湖等措施。

针对目前所面临的主要水环境问题，长江中下游湖泊生态修复工程主要可概括为五种类型，分别是入湖河流污染控制工程、水质改善与修复工程、底泥疏浚工程、典型岸带基底修复工程及湖区外源污染控制工程。因此，本章节分别对这五种类型工程进行了介绍，其中入湖河流污染控制工程分为入湖河道治理工程与入湖污染物拦截及生态控制工程两方面内容；在底泥疏浚工程的介绍中，按照疏浚深度、范围及施工方式顺序；在典型岸带基地修复工程中分别选择了有代表性的湖滨缓冲带生态修复工程和湖泊基底改善修复工程两部分进行说明；最后，从农业面源污染控制工程、农村生活污水入湖控制工程和工业污染控制工程三方面对湖区外源污染控制工程进行了介绍。

9.1.1　入湖河流污染控制工程

人口高度聚集是长江中下游湖区的一大特点，产业结构和布局不尽合理，大量工业废水及生活污水排入湖泊河流。随生活水平提升，对周围生态环境的要求日益提高，如何在工程减排空间和潜力日益下降前提下，进一步削减重污染区污染负荷已成为目前治理修复该区域受损湖泊的研究重点。

1. 入湖河道治理工程

针对入湖河流污染控制工程可采用的关键技术主要包括入湖污染源控制与负荷削减集成技术、土地/沟塘处理系统强化技术、生态绿地处理技术、河岸生态拦截技术、河口湿地生态重建技术、河道旁路人工构造湿地净化技术、重污染支流原位污染削减技术、河道低污染水负荷削减技术、地表径流多级调蓄与水质净化技术、河湖一体化生态补水技术、湿地型河道构建技术、溢流雨污水就地生态消纳技术、复合式生态回廊技术、折弯河道原位生态集成技术、混排水中污染物高效拦截技术等。不同类型河段治理及修复的相关要求总体如下。

一般情况下城（镇）市区段河道形态已固定，河道两侧或周边用地受限，规模化改造河道平面形态及布局难以实现。此外，城（镇）市区段河道两岸大部分建有护岸，并以硬质护岸结构为主，且一般分布有大量不同类型的排水口。生态治理工程一般可对河道两侧沿线护岸、堤防或防汛墙的生态化改造、景观绿化节点布置、河道局部形态改变等方面进行考虑。治理应注重河流生态景观建设与城市发展及历史文化背景结合，重点关注城（镇）居民对河流景观需求，使河流更具休闲游憩空间和良好的亲水性。宜充分利用河道两侧的城市绿地或景观带，进行必要的水质净化，最大限度地提升城（镇）市区段河道的生态、人文、环境等品质。

城（镇）郊区段河道两岸用地相对较为宽裕，一般情况下尚保留河道原有岸线形态。随城市经济建设和发展，城（镇）郊区也逐步纳入城（镇）相关规划发展范围，相关用地规划也逐步呈现。从河道生态保护角度，应首先将河道生态保护或治理的相关要求纳入城（镇）开发建设的总体规划，从规划开始就体现河道生态保护的总体要求，将属于河道的水域和陆域，通过规划保护起来。河道形态保持工程的技术重点可体现在河道自然形态的保持、生境条件的改善、河道两侧缓冲带的建设，最大限度保留河道沿线的自然属性。当条件允许时，尚可结合河道地形、地貌和水文条件等，进行局部形态改造，适当增加河道的蜿蜒性，构筑必要的滩、洲、湿地等，提升河道的生物或生境多样性。

农村段河道根据村落和农田分布，又可细分为农村村落段和农村田野段。农村段河道周边主要为村落、耕地、农田、经济林、果园等，受农业生产发展的影响，农村段河道周边可能分布有一定的农业生产设施，如取、排水口，灌溉沟渠，闸涵以及堤防，田埂等，但河道总体形态一般保持着自然状态。农村段河道形态保持不宜过多占用耕地，宜总体保持原有的河道形态，因地制宜布置局部适宜规模的湿地、生态沟槽等，改善河道生境条件，恢复生物多样性。村落段由于居民房屋、农村道路等一般临河而建，拆迁产生的社会问题较大，宜在符合区域建设整体规划的基础上，结合村落环境的综合治理要求，在有条件的情况下进行河道生态堤岸建设，并沿河设置必要的提倡环保的宣传、教育及提示性标志标牌，规范垃圾倾倒行为，保持或美化村落区河道沿岸的良好环境。必要时，可设置供村民休闲、散步的临河亲水步道或景观节点。农村段河道生态治理，尚应充分调查和研究农田面源污染入河情况，尤其对村落生活污水直排入河以及农灌渠的灌溉余水入河进行必要的沿岸分散处理。可充分利用现场的地形、地貌条件，结合塘的分布，选取适宜位置布置湿地或其他分散处理工程。在条件允许时，可在农灌渠入河口布置小型河口湿地，或沿河岸坡脚布置与河道基本平行的生态沟槽，拦截并处理入河生活污水或灌溉尾水。此外，农村段河道根据河岸的稳定情况，宜进行必要的岸坡防护，并宜首先采用生态化护坡及斜坡式结构。

重要保护区段河道原则上位于自然保护区、风景名胜区、山地森林区、自然文化遗产区、水源保护区等，往往保持着自然、原始的河道形态，其他自然形态区段的河道，一般具有自然或原始属性。对于重要保护区段及其他自然形态区段河道，以保持现状形态和生态环境为重，一般不应采取过多人工干预措施，宜从河道来水、来沙等情况，分析河槽、河岸及河床稳定性，研究确定是否采取工程措施，减少自然灾害，防止水土流失，增强对重要保护区的保护能力。

2. 入湖污染物拦截及生态控制工程

生态拦截带及排水系统可拦截大部分农田排放氮磷及残留农药等，但仍有部分会直接排入水体。农业区下游建设一个或若干个湿地，收集生态塘系统处理排水，有利于将农田面源污染降低到最低限度。由于人工湿地具有投资和运行费用低、污水处理规模灵活、维护和管理技术要求低、占地面积较大等特点，非常适合在土地资源丰富的农村地区应用。

前置库技术因其费用较低、适合多种条件等特点，是目前防治面源污染的有效措施之一。前置库技术通过调节来水在前置库区的滞留时间，使径流污水中的泥沙和吸附在泥沙上的污染物质在前置库沉降；利用前置库内的生态系统，吸收去除水体和底泥中的污染物。前置库通常由沉降带、强化净化系统、导流与回用系统3个部分组成（张毅敏，南京环境科学研究所）。沉降带可利用现有的沟渠，加以适当改造，并种植水生植物，对引入处理系统的地表径流中的污染颗粒物、泥沙等进行拦截、沉淀处理。强化净化系统分为浅水净化区和深水净化区，其中浅水生态净化区类似于砾石床的人工湿地生态处理系统。

首先沉降带出水以潜流方式进入砾石和植物根系组成的具有渗水能力的基质层，污染物质在过滤、沉淀、吸附等物理作用、微生物的生物降解作用、硝化反硝化作用以及植物吸收等多种形式的净化作用下被高效降解；再进入挺水植物区域，进一步吸收氮磷等物质，对入库径流进行深度处理；深水强化净化区利用具有高效净化作用的易沉藻类、具有固定化脱氮除磷微生物的漂浮床，以及其他高效人工强化净化技术进一步去除氮、磷和有机污染物等，库区可结合污染物净化进行适度水产养殖（张毅敏，南京环境科学研究所）。经前置库系统处理后的地表径流，也可以通过回用系统回用于农田灌溉。

9.1.2 水质改善修复工程

水质改善工程多针对低污染水质净化。根据低污染水生态净化的模块化组装设计，有针对性地布局以人工湿地工艺为主的低污染水生态净化模块化技术组装，根据水质进行工艺参数设计与优化，采用氧化塘、高效藻类塘和表面流人工湿地技术进行尾水处理，可有效降低有机物浓度，对氮磷也有一定的去除效果。选用生态潜流坝、潜流人工湿地技术和生态浮床等组合技术，一方面利用潜流坝的吸附过滤作用去除水中颗粒悬浮物，另一方面利用潜流人工湿地和生态浮床的物理、化学、生物作用去除水中的污染物，深度净化尾水。

人工湿地可采用表面流、水平潜流、垂直潜流或复合流形式，也可采用组合形式。采用表面流人工湿地，参考工程设计部分，栽种景观植物、水生经济作物、水生蔬菜等，利用生态拦截坝和潜流坝等技术增加净化系统级数，利用生态浮床技术提高净化效果和景观效果。表面流人工湿地宜在有较大面积的地方利用，不仅可以治理水污染、保护水环境，而且可以美化环境，在进水中悬浮物含量较高的情况下宜采用，还可用于氮、磷污染水体的治理。潜流人工湿地宜在对处理水质要求较高的情况下应用，应用时应考虑进水悬浮物浓度过高导致的堵塞问题，也可用于氮、磷污染及有机物污染水体净化。可选择常规一级处理工艺（格栅、沉砂、沉淀等）及强化一级处理预处理工艺，也可针对特征污染物设置预处理工艺，出水水质必须满足净化系统主体部分的要求。

氧化塘适用于农业尾水的预处理，可代替预处理工艺中的调节池和沉淀池，适合处理有机污染物浓度相对较高的农业尾水，处理规模宜大不宜小。氧化塘机械曝气设备选型时要注意充氧和混合推流之间的协调。

复合生态浮床主要适用于水面较大、氮磷含量较高的养殖水体。复合生态浮床包括框体、床体、基质、植物和填料五个部分，其中框体和床体均采用浮力较大的材料，如毛竹片。浮床的主体材料选用 HDPE 材质的主体浮板、PP 材质的种植篮、PP 材质的连接扣、环保型的定植海绵等。复合生态浮床植物选择可根据各地气候及处理的水体要求不同，选择不同浮床植物。生态浮床上可种植千屈菜和美人蕉等具有经济效益和景观效益的植物，也可种植空心菜、茭白、藕、慈菇等水生蔬菜，植物种植面积占总体水面面积的比例约 20%～30%。选择水生植物应为适宜水系水质条件的多年生水生植物，具有较强净化潜力的植物为主，综合岸线景观和水面倒影、水面植物进行适当景观组织。复合生态浮床运行期间应定期查看河流及水生生物塘水位，落差较大时应调节浮床固定位置。生态浮床植物随季节更替，冬季应对收割植物，次年度春季则补种。

生态潜流坝适用于多级表面流人工湿地净化系统不同植物区之间的拦截、过滤和净化，一方面可拦截分隔不同植物，另一方面可截留悬浮物、吸附污染物。当污水含有较多抗生素，可考虑在生态净化系统前增设含铁碳填料的潜流坝。生态潜流坝宜采用生物质炭、沸石、碎石、卵石、生物质炭及铁碳为滤料。

9.1.3 底泥疏浚工程

1. 深度确定

高氮磷污染底泥疏浚工程对各分层底泥 TN 含量、TP 含量测定，了解 TN、TP 含量随底泥深度垂直变化特征，重点考虑 TN、TP 含量较高的底泥层；进行氮、磷吸附-解吸实验，了解各分层底泥氮、磷释放风险，找出氮、磷吸附-解吸平衡浓度大于上覆水相应氮、磷浓度的底泥层；选择 TN、TP 含量高，并且释放氮、磷风险大的底泥层作为疏浚层，相应底泥厚度作为疏浚深度。

重金属污染底泥疏浚工程主要分为两个步骤，对污染底泥进行分层；根据重金属潜在生态风险指数，确定不同层次的底泥释放风险，确定重金属污染底泥所处层次，从而确定重金属污染底泥疏浚深度。

复合污染底泥疏浚工程针对高氮、磷污染和重金属污染的交叉地带，疏浚深度应综合考虑，取二者中深度较深者作为复合污染区的疏浚深度。

2. 疏浚范围划分

疏浚范围应尽可能地完全清除污染底泥层，减少对正常底泥层的破坏；在确定疏浚范围时应考虑环保疏浚设备的挖泥操作性能限制；从湖泊生态综合治理角度，确定的疏浚范围应当为植物自然恢复创造必要的生长条件。运用疏浚控制指标对工程区进行评判，同时结合水质功能区划，具体步骤如下：

（1）在数据数量和质量达到要求的基础上，对工程区底泥中 TN 含量进行空间插值分析，确定 TN 含量大于等于高氮、磷污染底泥疏浚氮控制值的区域；对工程区底泥中 TP 含量进行空间插值分析，确定 TP 含量大于等于高氮、磷污染底泥疏浚磷控制值的区域。

（2）对工程区底泥中重金属生态风险指数进行分析，确定重金属生态风险指数≥300 的区域。

（3）对 TN 含量、TP 含量、重金属生态风险指数所控制区域进行叠加，控制指标为 TN 含量、TP 含量和重金属生态风险指数的所控制区域的并集。

（4）采用空间插值分析，去除底泥厚度<10 cm 的区域。

（5）根据安全性控制指标，去除水利工程设施、取水口以及重要渔业养殖场周围的安全规划保护区域。

经过上述步骤得到的区域即为工程区域污染底泥环保疏浚范围。

3. 施工方式确定

在选定疏浚施工设备后，一般情况下根据不同条件采用分段、分层、分条施工方法。对于环保绞吸式挖泥船，当挖槽长度大于挖泥船浮筒管线有效伸展长度时应分段施工；当挖泥厚度大于绞刀一次最大挖泥厚度时应分层施工；当挖槽宽度大于挖泥船一次最大挖宽时应分条施工。对于环保斗式挖泥船，当挖槽长度大于挖泥船抛一次主锚所能提供的最大挖泥长度时应分段施工；当挖泥厚度大于泥斗一次有效挖泥厚度时应分层施工；当挖槽宽度大于挖泥船一次最大挖宽时应分条施工。应先疏挖完上层流动浮泥后再疏挖下层污染底泥。对于近岸水域部分，为保护岸坡稳定，可采用"吸泥"方式施工。

9.1.4　典型岸带基底修复工程

1. 湖滨缓冲带生态修复工程

湖滨缓冲带是指湖滨带以外的陆向辐射带，是湖滨带的重要保护圈。长江中下游湖区缓冲带类型多以圩区型缓冲带为主，因人为活动干扰频繁加剧，湖泊圩区一带的生态系统呈现出急速退化的趋势，如围湖造田导致湖滨带面积大幅度萎缩，江湖阻隔和富营养化导致水生植物种类严重衰退，沿岸区域渔业养殖的超常规发展加剧了湖滨带生态系统的退化，种种因素较大程度上破坏了东部平原流域湖滨带原有的生态系统。针对东部平原受损湖泊湖滨带的修复主要可以采用如下关键技术：湖滨缓冲带生态建设成套技术、垂直驳岸河湖滨水湿地构建技术、裸露地表植生基质化技术、直立堤岸生态混凝土-原位土壤-植被混合护坡技术、崩岸湖滨挺水植被重建技术、水生植物恢复技术、圩区湖滨缓冲带污染拦截功能强化技术及圩区沟塘系统生态修复技术等。

2. 湖泊基底改善修复工程

湖泊基底是水生植被根系的固着点，又是植物生长所需营养元素的主要来源，其性质是决定植物群落分布和演替的重要影响因子。湖泊基底修复是湖滨生态系统生态重建和景观恢复的基础，主要包括物理基底地形、地貌的改造，基底稳定性设计等工作内容，物理基底改造即在受损湖泊生态修复的湖滨沿岸水域范围内，利用挖泥船等设备将疏浚底泥按设计高程要求吹填至基底修复工程区内，形成自然缓坡浅滩，改善湖泊沿岸带自然条件，为湖泊沿岸带生态修复创造良好的生境条件。物理基底改造技术工艺步骤主要包括基底重建工程区域及底泥吹填工程量的确定、潜堤建设、底泥疏浚及吹填等过程。

根据湖滨带结构特点可分为底质修复和岸带基底修复两部分。此类修复工程的关键技术主要包括湖滨带基底构建技术、消浪技术、岸坡滩地修复技术、直立堤岸基底改善与生态岸带修复技术、沿岸带基底高程与物化条件重建技术、污染底泥的底质改良剂研制技术、有毒有害与高氮磷污染底泥勘测鉴别评估技术、有毒有害污染底泥环保疏浚技术、疏浚底泥快速脱水干化技术等。

9.1.5　湖区外源污染控制工程

1. 农业面源污染控制工程

圩区内农业生产活动中，由于种植业的化肥流失、畜禽粪便流失、水产养殖业排水等现象的存在，致使氮素、磷素营养物质、农药以及其他无机或有机污染物质，通过大田地表径流、农田排水、地下淋溶等作用进入入湖河流，上述面源污染是导致长江中下游湖区富营养化的主要原因。针对该类污染问题可以采用的关键修复技术主要包括大田作物氮磷减量控制栽培技术、基于总量削减—盈余回收—流失阻断的两低两高型菜地氮磷污染综合控制技术、基于减量和循环利用的稻田污染减排与净化技术、稻田适时适地养分综合调控氮磷减排技术、缓控释肥深施技术、养殖鱼塘原/异位生态修复与养殖模式结合技术、养殖废水碳源碱度自平衡碳氮磷协同处理技术、兼氧-好氧湿地塘对农业径流及污染河水的处理技术、养殖废弃物高效堆肥复合微生物菌剂及功能有机肥生产技术、水平潜流人工湿地强化脱氮技术、水稻种植农药水环境污染全程防治集成技术等。

2. 农村生活污水入湖污染控制工程

面源污染中另一占比较大的则是农村生活污水和生活垃圾的不当排放。东部平原流域内城镇化水平并不高，绝大部分人口仍居住在农村地区，由于流域内农民收入水平还较低，加之农村市政设施极为落后，绝大多数农村无下水道系统和污水处理设施，农村居民生活污水和生活垃圾未经任何处理直接排放，有的直接排入水体，有的排入土地系统。对此，针对东部平原流域内农村生活污水入湖污染控制工程而言，可以采用以下关键技术：集中入河尾水氮磷深度削减技术、复合塔式生物滤池农村生活污水处理技术、生活污水多介质土壤层耦合处理技术、立体循环一体化氧化沟技术、易腐生活垃圾水解-甲烷化-好氧稳定技术、平原综合型小流域面源污染控制技术、复合型污染河道水体强化生物接触氧化-多级人工湿地组合处理技术、村镇生态型排水技术、基于河流目标污染负荷的流域水环境管理平台构建技术、高效生物生态景观联动处理技术、生活垃圾与生活污水共处置新型沼气池技术、矿化垃圾填料处理农村生活污水技术等。

3. 工业污染控制工程

我国东部平原地区河网水污染在城市化进程中,主要污染物来源除上述农业、养殖业以及生活污水外,仍有较大部分来源于工业生产中废水的直接排放或不达标排放,尤其在产业结构演进中期阶段,城市化开始快速发展,工业污染成为城市入湖河流污染的主要来源。在圩区工业污染控制修复工程过程中,具体的关键技术主要包括:复杂难降解有毒化工废水新型高效催化转化技术、ABR 厌氧水-A/O-高效澄清-过滤集成技术、造纸废水 IC-好氧-Fenton 氧化集成技术、竹制品加工业高浓度有机废水 EGSB 厌氧-好氧-纳滤处理技术、高浓度氨氮废水高效吹脱与氨资源化技术、高浓度苯胺类工业废水资源化处理技术、两相厌氧+二级好氧低能耗处理技术、稳定塘-湿地尾水生态净化技术、生化尾水磁性微树脂吸附深度处理技术、污水厂水质在线监控及碳源智能投加技术等。

9.2　生态修复工程的绩效评估

绩效评估是指运用数理统计、运筹学原理和特定指标体系,对照标准,按照一定的程序,通过定量定性对比分析,对项目一定经营期间的经营效益和经营者业绩做出客观、公正和准确的综合评判。工程效绩评估即是对施工工程的整体、全面、客观的综合评判,这有助于不同工程之间的比较,能够很好地促进修复工程发挥更大的生态、社会及经济效益,因此,工程效绩评估也是工程项目管理中的重要一环。工程效绩评估的重点在于合理的评估指标的选取及评分方法的构建。因此,本章着重介绍这两部分内容。

9.2.1　绩效评估方法

绩效评估是工程项目管理的重要手段,是以工程效益为出发点。针对长江中下游平原湖泊修复工程效益特点,选取生态效益、经济效益和社会效益为评价指标,建立相应的综合效益评价指标体系,通过指标赋值打分法评估。

9.2.2　评估指标选取原则

1. 客观、公正原则

在绩效评价的过程中，针对生态环境项目自身的特点，采取科学的方法和指标，评估工程的生态环境效益和社会经济效益，使得绩效评价结果客观、公正。

2. 全面系统性原则

在选取指标的过程中，选取的指标能够全面反映目标层的各个方面，避免遗漏。在考虑评估指标时还要有系统的观念。既要有系统地考虑问题、系统地收集信息、系统地确定评估指标体系，又要有系统地考虑如何使用指标进行综合评估项目各个方面的思想。

3. 定量评估与定性评估相结合的原则

指标评估应坚持定量与定性相结合原则，在生态修复工程中，效益评估尽量具体、定量，同时考虑生态工程自身特点，对缺乏定量依据的指标采用定性评估。

4. 体现生态环境工程特色的原则

湖泊修复工程主要目标是保护湖泊生态环境，因此绩效评估以生态环境效益为重点。由于湖滨带生态工程的建设也具有较重要的社会和经济效益，因而，绩效评估也将工程的社会效益和经济效益作为有益的补充。

9.2.3　指标评分方法

修复工程项目绩效评估结果分为优、良、中、差四等，各项目打分方法参照表 9.1 标准，具体打分方法为比较法、专家法等。

表 9.1　湖泊生态修复工程绩效评估指标评分标准表

绩效评估指标	权重	评分指标	评分标准			
			优 （90%～100%）	良 （70%～90%）	中 （60%～70%）	差 （<60%）
（一） 生态环境效益 80%	1. 岸带基底修复生境适宜性改善效益 25%	（1）基底改善与湖滨带生境修复目标的相符性（60分）	基底适合生态修复后植被生长，符合本土生物生境特征	基底修复后与本土生物生境相符性较好	基底修复后与本土生物生境相符性一般	基底修复后与本土生物生境相符性较差
		（2）修复后的基底稳定性（40分）	基底无崩塌、碎裂、变形，1年后损坏率<5%	1年后损坏率少于10%	1年后损坏率少于20%	1年后损坏率少于30%

续表

绩效评估指标	权重	评分指标	评分标准			
			优 （90%~100%）	良 （70%~90%）	中 （60%~70%）	差 （<60%）
（一） 生态环境效益 80%	2. 生物群落优化及多样性改善效益 25%	（1）植被 （60分）	植被多样性接近中度，生物量显著增加，群落结构较完整	湖滨先锋植被恢复良好，生物多样性明显提高，群落结构较完整	湖滨先锋植被恢复良好，生物多样性明显提高	先锋植被恢复较差
		（2）底栖动物 （16分）	与对照区相比，多样性改善，桡足类增加，有大型软体动物	与对照区相比，底栖动物多样性改善，桡足类增加	与对照区相比，底栖动物多样性改善不明显	与对照区相比，底栖动物多样性降低
		（3）鱼类及其栖息地 （12分）	鱼类栖息地得到很好改善	鱼类栖息地得到较好改善	鱼类栖息地改善一般	鱼类栖息地未明显改善
		（4）鸟类 （12分）	更适宜鸟类繁衍生长，工程区鸟类增多	湖滨鸟类栖息地得到较好改善	湖滨鸟类栖息地改善一般	湖滨鸟类栖息地未得到明显改善
	3. 污染削减与水质改善效益 30%	（1）藻类密度 （a，万个/L） （20分）	$a<20$	$20 \leqslant a<1500$	$1500 \leqslant a<10000$	$a \geqslant 10000$
		（2）水体氨氮浓/（mg/L） （20分）	$\leqslant 0.5$	$0.5 \sim 1.5$	$1.5 \sim 2.0$	$\geqslant 2.0$
		（3）水体总P浓度/（mg/L） （20分）	$\leqslant 0.02$	$0.02 \sim 0.1$	$0.1 \sim 0.2$	$\geqslant 0.2$
		（4）湖泊水体透明度 （20分）	透明	较透明	一般	透明度较差
		（5）湖泊整体水质改善效益 （20分）	湖泊水质恶化趋势得到遏制	湖泊水质恶化趋势有改善	湖泊水质恶化趋势没有明显改善	湖泊水质恶化趋势加剧
（二）经济效益 20%		1. 旅游休闲价值（25分）	因湖泊环境景观改善而来的游客人数显著增加	周边地区来湖泊游客增加	游客增长率不低于本市同期水平	游客增长率低于本市同期水平
		2. 景观休闲娱乐效益（10分）	景观休闲娱乐景点增加，风景更加优美	景观休闲娱乐景点有所改善，风景有所改观	景观休闲娱乐和风景效益较好	景观休闲娱乐和景观效益没有改观

续表

绩效评估指标	权重	评分标准				
		评分指标	优（90%~100%）	良（70%~90%）	中（60%~70%）	差（<60%）
（二）经济效益	20%	3. 示范宣传教育效益（20分）	示范宣传教育效益明显	有较好的宣传教育效益	能起到宣传教育作用	不能起到宣传教育作用
		4. 就业效益（10分）	高于行业平均0.17人/万元	不低于0.10人/万元	不低于0.07人/万元	不低于0.06人/万元
		5. 公众满意度（20分）	不低于85%	不低于75%	不低于65%	不低于60%
		6. 科研教育价值（15分）	科研教育价值高	科研教育价值较高	有科研教育价值	没有科研教育价值

9.3　生态修复工程的运行维护与管理

针对湖泊生态修复工程维修管理及现实需求与难点，结合长江中下游地区湖泊数量多、覆盖范围广，生态修复工程运行管理具有管理机构地域分布广、层次多、管理复杂等特点，为实现生态修复工程的长效可持续，进行合理、系统的运行维护管理十分必要。修复工程运行维护与管理是以保障成套技术方案的稳定性和高效性及工程效益的持续性为目标，建立合理的管理机制，通过对信息系统、装置和工程基地的设施、仪器、植物、运行监控系统和人为活动等的日常管理，使得湖泊生态修复工程得到良好的运行效果。

针对长江中下游湖泊生态修复工程不同的类别，维护管理也各不相同。沉积物及底泥疏浚工程维护管理中主要考虑堆场的后处理和余水的处理工程；水质改善工程的维护管理内容较多，主要包括设施维护管理、入湖河道管理、基底维护管理、岸坡带缓冲带植物维护与管理；表流人工湿地管理和潜流人工湿地管理，主要涉及物种管理和环境管理；外源污染控制工程维护管理主要有农村生活污染、农业面源污染及船舶污染等内容。

9.3.1　底泥疏浚工程的维护管理

1. 堆场的后处理

1）堆场底泥快速脱水

堆场底泥快速脱水方法包括表面排水和渐进开沟排水法、砂井堆载预压法、塑料排水带堆载预压法、真空预压法、机械脱水法以及管道投药快速脱水干化法。

2）堆场快速植草

筛选草种时优先选择工程区内符合条件的本土草种，同时考虑草种生长及污染修复问题，并综合考虑经济问题、景观生态问题、外来物种与本土物种冲突问题等现实制约因素。几种快速生长的草种有黑麦草、白三叶、苇状羊茅、象草、串叶松香草、紫花苜蓿。根据牧草种类、土壤和气候条件确定具体播种方式。

播种方式一般可分为条播、点播和撒播。

2. 余水处理工程

（1）普通余水处理中常用的絮凝剂类别包括无机絮凝剂、有机高分子絮凝剂以及复配絮凝剂。投药方式包括输泥管投药和堆场溢流口投药。

（2）含重金属的余水处理技术。对于含重金属疏浚底泥的余水处理而言，现阶段最合适的处理技术应该是中和沉淀法，该法是通过化学反应使重金属离子变成不溶性物质而从水相中沉淀分离出来，污染物转移至固相物质，固相物质可以与干化底泥合并处理处置。

（3）含有毒有害难降解有机物的余水处理。含有毒有害难降解有机物的余水处理技术主要有物理法、化学法、物化法、生物法及其相互间的组合技术等；首先采用高级氧化技术将有毒难降解物质进行氧化，转化为低毒、易生物降解的低分子有机物，而后再根据实际情况采用生物处理技术将其矿化。

（4）含重金属和有毒有害难降解有机物复合污染的余水处理技术。含重金属和有毒有害难降解有机物复合污染的余水处理可以结合两类废水的特点，采用组合技术分级去除目标污染物。如先采用高级氧化技术对复合污染余水进行处理，去除其中的有毒有害难降解有机物，然后再通过中和沉淀或者混凝处理等技术途径从水相中去除重金属，沉淀物与干化底泥一并处理。

9.3.2　水质改善工程的维护管理

1. 工程设施维护管理

湖泊水质净化关键技术中会运用到特定水质净化装置，如人工湿地系统、生物滤池以及各种管线等，需对其进行检查和防护。

电路设备。应对工程内部特定装置供电系统各个线路、设备、电气、自控仪表、电动阀门、水质在线监测仪等定期检查和保养，防止因线路老化等引起短路，导致电机、抽水泵等设备烧毁，同时做好运行、巡视、维修保养等记录。

管道阀门。应定期巡视检查、维护，保证管道、阀门的正常使用，确保不出现堵塞现象；冬季需注意工程内管道防冻，建议采用抗冻性能好、施工简便、价格低廉、强度高、易于推广的管材；做好运行、巡视、维修保养等记录。

护堤维护。对于湖泊岸带修复工程而言，需定期检查，防止水面以下护堤的外部斜坡面渗水，过多或颜色异常的植被生长都是出现渗漏的症状。

外观清洁。常年置于户外的装置或构筑物，易造成枯枝落叶及杂物落入，故需定期巡检清除，防止飘落物堵塞管道，确保水流畅通及净化装置稳定运行。

填料更换。对于水质净化工程中常采用的人工湿地技术而言，随着时间的推移，湿地内的营养物质会逐渐积累，微生物的繁殖加上植物的腐败可能造成基质的堵塞现象发生；同时基质对于磷等营养物质的吸附也可能达到饱和，因此，定期更换基质填料是保障人工湿地运行效果的必要举措。

2. 入湖河道管理

河道开展岸线布局重新调整、岸线功能转化或其他改变河道岸线形态活动，应通过河道及环保主管部门的审查或审批，并应遵守国家法律、法规和相关技术标准规定。河道岸边新建房屋、道路和其他临河设施等，不得占用已确定的河道岸线保护范围，破坏河道岸线形态。对已实施的生态护岸及其植物，应对护岸防护功能、植物生长情况定期观测，观测周期宜为每季度一次。根据观测的情况，对确定需要进行保养维修的岸段进行护岸及植物维护，以确保护岸满足安全和稳定的要求，并确保植物生长状况良好。

3. 基底维护与管理

基底维护与管理的主要内容包括河道断面尺度的保持、防止挖砂或采石等人为破坏基底的活动，以及禁止一切向河道内排污的行为等。一般要求如下：

对湖泊开展功能（通航、防洪等）调整、尺度改造、疏浚开挖等活动，应通过环保主管部门的审查或审批，并应遵守国家法律、法规和相关技术标准的规定。

对影响基底生态环境健康的排污、采砂、取土、取石等活动，应严格禁止。特殊情况下，需进行专门的论证，确定相关活动对河道生态环境破坏在允许的范围内，并经湖泊及环保主管部门的审查或审批通过，方可按相关要求实施。

布设相应的水文观测设施，应对河湖的水文、泥沙、水下地形、滩涂等进行定期的观测和测量，及时掌握相关的情况，并制定相应的维护方案。

水文观测应根据湖泊的维护管理要求，进行水位、流量、流速、流态和泥沙等水文测验，及时掌握冲淤情况及浅滩、边滩、沙洲等变化情况。

4. 岸坡带缓冲带植物维护与管理

岸坡带维护管理的主要内容包括植物残体的收获处理、植物病虫害防治、防止人为破坏、定期垃圾清理等。挺水植物一般采用地上部分收割的方式进行管理，留下必要的生存根茎，保证翌年春季的发芽。浮水/叶植物生长迅速、繁殖速率较高时，宜进行及时的收割和清捞，保持一定的植物密度以维持净化效果。病虫害的绿色防治方式可采用物理方法诱杀害虫，如灯光诱杀、黏虫板诱杀等；亦可考虑应用一些生物农药或植物性农药，如微生物农药、植物提取物等；也可在病虫害发生初期及时收割植物地上部分；根部发病时应及时拔除。配置必要的维护管理工人进行日常的管理，如垃圾清理、植物收割补种等。加强宣传教育，设置必要的宣传标志标牌，提高区域内居民对生态治理工程的理解和认识，自觉参与生态环保工程的保护行动，减少人为破坏和干扰。

缓冲带维护管理应维持原生生态系统的完整性，不应破坏当地原有的生态环境，且需辅助河道生态系统向有序、健康的方向发展。缓冲带植被生长应具有适当的通达性，以方便水生及陆生动植物的迁移、交流，并宜兼顾人类亲近河道、亲近自然的要求。缓冲带宜维持生态价值和经济价值的平衡，不宜追求其中之一而改变缓冲带的设计功能目标。严格控制人类经济和社会活动占用缓冲带的保护范围，制定适宜的度量限制标准，明确缓冲带范围内的人类活动限度。原则上不应在缓冲带范围内扩建生活用地设施，或将生活用地变性为生产和商业用地。应定期对缓冲带内的植物进行收割、清理、优化，辅助缓冲带的生态系统趋于完善。

以法律和地方法规形式，明确河道缓冲带范围及保护内容，禁止新建公共基础设施以外的建筑物、构筑物；禁止挖砂、取土、采石等；禁止堆放废弃物、倾倒垃圾；禁止擅自砍伐树木、毁坏花草；禁止擅自截流引水；禁止建房、建窑、建坟；禁止使用剧毒、高残留农药、含磷洗涤品及不可降解塑料制品等有害物质。

5. 表面流人工湿地管理

表面流人工湿地基质层（填料）应根据所处理尾水的水质和成本要求，可选择改性生物质炭和生产河道底泥作为表面流人工湿地基质；若水中磷含量过高时，可铺设砾石、沸石、石英砂等混合填料作为基质。表面流人工湿地中水生植物可选择再力花、常绿鸢尾、黄菖蒲、千屈菜等挺水植物，耐寒睡莲等浮水植物以及伊乐藻、苦草等沉水植物。为提高人工湿地的经济效益可选择空心菜、茭白、藕、慈菇等水生蔬菜。水生植物的选择应选取处理性能佳、成活率高、抗污能力强且具有一定美学和经济价值的水生植物；水生植物配置必须有一定比例的无冬眠型或短冬眠型水生植物；选择优势种搭配栽种，增加植物多样性使其具有景观美化效果，而且有经济收益。

采用多级串联表面流人工湿地可依次设置为挺水植物区、浮水植物区和沉水植物区，可根据景观要求增设级数。挺水植物区选择黄菖蒲、常绿鸢尾和再力花等，种植密度控制在 9～25 株/m² 左右；浮水植物区选择睡莲等水生植物，种植密度控制在 3～9 株/m² 左右；沉水植物区选择伊乐藻、茨藻、金鱼藻、黑藻等沉水植物，种植密度控制在 3～9 株/m² 左右。表面流人工湿地植物面积占湿地水面面积的 60%，其中常绿植物占 50% 以上。

水生动物的选择与配置应选择对溶解氧、水温等条件要求较宽、生长繁殖能力较强的滤食浮游生物及草食性、杂食性的水生动物。在表面流人工湿地中放养螺蛳、河蚌、花鲢、螃蟹等水生动物，放养密度以达到水质净化和保持生态平衡为参考标准，一般螺蛳、贝类的放养密度为每亩 50～100 kg，鱼类的放养密度为每亩 30～50 尾。沉水植物区域内均放养河蚌、螺蛳等水生动物，在实现水质净化的同时实现一定的经济效益。

表面流人工湿地水位一般为 20～80 cm，如果水位低于理想高度，可调整出水装置，并根据待处理的农业污水水量以及季节温度等情况进行调节。为避免在人工湿地的进水区易产生沉积物堆积，运行一段时间，需挖掘沉积物，以保持稳定的人工湿地水力停留时间及净化效果。人工湿地植物应每年收割 2 次，收割时间宜选择在植物休眠期或枯萎后。

表面流人工湿地净化污染负荷低，其进水悬浮物 SS 浓度建议不超过 50 mg/L，BOD_5 负荷建议为 15～50 kg/（hm²·d），水力负荷建议小于 0.1 m³/（m²·d）；单元长宽比宜控制在 3：1～5：1，水深宜为 0.3～0.5 m，水力坡度宜小于 0.5%。

6. 潜流人工湿地管理

潜流人工湿地填料可采用改性生物炭、沸石、火山岩、陶粒、石灰石、矿渣、炉渣、砾石等天然材料和人工材料等。根据所处理水体的水质和成本要求，本着就近取材的原则，选择生物炭、砾石、碎石、沸石等作为潜流人工湿地基质。潜流人工湿地基质层的初始孔隙率宜控制在 25%～35%。

潜流人工湿地植物应选择对氮、磷等元素具有较强吸收、转化、利用能力，根系发达、生长茂盛，具有一定的经济价值或易于处置利用，并可形成良好生态景观的本土挺水植物，植物配置中必须有一定比例的无冬眠型或短冬眠型水生植物。潜流人工湿地可选择芦苇、蒲草、荸荠、莲、水芹、水葱、茭白、香蒲、千屈菜、菖蒲、水麦冬、风车草、灯芯草等植物，根据所处理水产养殖尾水的水质要求和养殖场所处区域气候进行合理配置，种植密度宜为 9～25 株/m²。潜流人工湿地植物可采用镶嵌种植方式，发挥不同植物根系泌氧能力和分泌物作用，使进水体有机物和氮等的去除，可进一步减少曝气量。根系泌氧能力强的植物主要有芦苇、菖蒲、风车草等；根系分泌物丰富的植物主要有黄菖蒲、香蒲等。

潜流人工湿地水位则一般保持在土壤表面下方 10～30 cm，并根据待处理的污水水量等情况进行调节。潜流人工湿地固体介质应采取防止固体介质堵塞的措施，及时清除湿地表面出现的黑绿色膜状淤泥和藻类形成的绿囊或其他杂物。定期启动清淤、局部更换填料，防止潜流人工湿地系统堵塞。可根据进水污染物浓度在预处理系统中增加高负荷水解池以减小潜流人工湿地负荷。潜流人工湿地应定期收获、处置、利用潜流人工湿地中的水生植物。植物应每年收割 2 次，收割时间宜选择在植物休眠期或枯萎后。潜流人工湿地净化污染负荷较低，其进水污染物浓度特别是悬浮物浓度不能太高，建议不超过 60 mg/L。

9.3.3　生态修复工程的维护管理

1. 物种管理

先锋物种的选择是植被恢复的首要工作，按照群落生态学的理论，只有当单种或少数几种植物集结形成一个完整的植被覆盖，能充分利用环境资源，并逐渐增强基底的稳定性，使得生境有利于那些具有不同需求和耐力的植物种定居的时候，才初步形成基本的植物群落结构单元。通过引入竞争能力强的物种快速形成郁闭的植物群落，为后续物种恢复创造稳定性条件。通过对先锋浮叶植物进行收割、清理等方式，减少和控制先锋植物的覆盖度，为沉水植物恢复腾出空间。对于挺水植物群下空间的沉水植物恢复，可利用挺水植物收割后的接茬期进行交叉的植物恢复。在湖滨带生态系统稳定后，可通过物种更迭使先锋物种退出生态系统。

2. 环境管理

在植物配置时可考虑冬季耐寒型沉水植物与夏季喜温的水生植物组成常绿型的水生植被，通过植物种群在生长期上的密切衔接，保证水生植被的连续性。在植被交替的生长过渡期要及时收割前一茬植物，避免形成植物体腐烂产生二次污染。通过浮叶植物与沉水植物合理搭配在空间上镶嵌生长，提高生态系统稳定性。

水位管理。种植植物后，应尽快将湖滨带可人为控制的水位适当升高，优化湿地植物的生长条件以抑制陆生杂草的生长，但应该注意水面不能淹没挺水植物的嫩芽，水位可以随着植物的生长适当抬升。如果陆域范围内没有足够的水来供应植物生长，可以每隔 5～10 天进行漫灌以保持土壤湿润。如果植物生长稳定，经过一个完整的生长季节后，可以将水位进一步抬升。一般经过两个生长季节后，湖滨带湿地土壤中的水分可以使植物在短期干旱的情况下存活，即使严重的干旱也只能使其地上部分死亡，一旦条件恢复，植物可以再次生长，恢复后，在每年春季水生植物发芽期间应该避免高水位淹没植物的嫩芽，以保证恢复植物顺利萌发。

虫害管理。水生植物生长易受真菌入侵或者蚜虫蛾虫等害虫危害，表现出腐烂花叶畸形叶斑等症状，将严重影响水生植物正常生长。防治方法包括：避免引入带病植株；种植不要过于拥挤，保证良好通风光照条件；密切监测植株生长，及时清除病株，消除病原，一旦预防虫害失败后，应根据不同致病昆虫生理特性，及时采用药剂喷杀物理清除虫卵或黑光灯诱捕的方法控制虫害。

水生植物管理。水生植物群落维护中需严格控制外来物种的入侵，若有发现及时拔除，同时对枯死的水生植物实施更新补种，以保证群落结构的稳定。由于湿地的水热条件好且富含营养，杂草极易生长。需控制杂草，使栽种的水生植物成为水体水域内的优势品种，杂草采取春季淹水和人工拔出的方法去除。而对于湿地植物而言，需注意植物收割周期、收割植物留存量以及后续可持续化利用。

收割周期。植物收割周期必须根据植物的生长规律、区域气候特征和水质变化情况综合考虑来确定。不同生长型植物有着不同的生长规律，而且同一植物在不同地区或同一地区的不同生长环境中的表现形式也并非完全相同。人工湿地处理系统的植物类型均以多年生挺水植物为主，且植物在水中的深度并不大，植物生长条件较好，其特征为发芽早、生长速度较快。植物收割一年两次较为理想。收割次数过多不仅造成投入的人力物力较大，而且容易使湿地系统内植物郁闭度减少，夏季造成填料表面在光照影响下温度升高，影响植物的正常生长，甚至造成植物的枯萎和死亡，而收割次数过少则会导致植物生长高峰过后（一般在秋季）自然进入休眠期。研究表明每年两次的植物收割，不仅不会影响植物正常生长，而且秋季可刺激植物的第二次萌芽，延长植物的生长周期。

收割后植物留存量。收割后植物留存高度根据不同收割时间和处理单元而定。对于一年收割两次的潜流湿地植物，8月下旬至9月上旬收割时存留高度以地上部分保留30～40 cm左右为宜，防止填料表面过于裸露，造成填料表面温度升高影响植物的后续生长。而第二次收割时应将地上枯死的枝叶全部收割，仅需保留地下根茎和新芽。

水禽和鱼类管理。如果大量草食性水禽或鱼类进入湖滨带湿地，将会对新种植的植物造成严重损伤，水禽或鱼类一般会将植物连根拔起，选择嫩芽或者根上的芽苞食用。如水禽数量很大，且没有及时阻止，会在几天内将所有水草拔光。最初恢复敏感期应尽量控制湿地水禽和食草型数量，等敏感期过后，湿地植物生长对水禽和鱼类的取食活动将不太敏感，可逐步放开管控。

湖滨带的维护管理。在湖滨带恢复初期应该每14天进行1次检查，以及时发现杂草、鱼类及动物取食破坏、淤泥淤积等问题，也应该注意长势不好的植株，及时采取相应措施补救。在每年春季进行1次检查，并及时补种空白区域，每年秋季在不严重影响水生动物栖息地的前提下，对水生植物进行适当收割。

9.3.4　外源污染控制工程的维护管理

1. 农业面源污染防治

农业面源污染产生的氮、磷是导致长江中下游湖区水体污染的重要因素，必须加大治理力度。要引导农民积极调整种植结构，发展有机农业和生态农业，建设无公害农产品、绿色食品和有机食品生产基地。大力提高农业标准化生产水平，全面推广测土配方施肥、农药减量增效控污等先进适用技术，减少化肥、农药使用量。制定农业面污染削减目标，并落实责任，定期考核。

切实加强畜禽养殖污染治理，积极推广集中养殖、集中治污。湖泊保护区禁止新建规模化畜禽养殖场和发展水产养殖，现有养殖场要搬迁和调整压缩。对规模化畜禽养殖场，按照工业污染源防控要求，实施排污许可、排污申报和排污总量控制制度。对太湖地区畜禽养殖场污染进行治理，确保废水达标排放。积极采用生产沼气、有机肥料等方式，加强畜禽粪便的资源化综合利用。大力推广秸秆还田、食用菌生产、生物质能利用等技术，提高秸秆的综合利用水平。

大幅度调整压缩网围养殖面积，拆除重污染区网围养殖场，同时在规定的时间内，将水产养殖面积压缩到国家有关部门要求的面积以内。对流域其他轻度污染湖泊的水产养殖，要实行严格控制，不再增加养殖面积，现有养殖面积逐步调整压缩。实施循环水养殖工程，在规模渔业养殖基地按照 20% 的比例配置净化塘，实现养殖用水"达标排放"。制定实施水产养殖污染排放标准，加强水产养殖污染治理。努力减少农业面源污染，减少化肥和农药施用量，科学施肥用药，增加有机肥使用，发展节水、节肥、节药的农产品种植。当前农村产业结构大调整要把污染控制、排放标准考虑进去，进行规模化农业生产和规模化农业污染处理。

2. 农村生活污染防治

按照建设新农村的要求，结合实施镇村布局规划和村庄建设规划，切实抓好农村生活污水、垃圾的处理，减轻对水体的污染。对城镇周边的村庄，要积极推进城镇污水收集管网的延伸覆盖。在面广量大的农村居住点，要广泛推广应用净化沼气池、人工湿地等生活污水处理适用技术，因地制宜地处理农户生活污水。

3. 船舶污染防治

加大对长江中下游湖区船舶污染防治的监管力度，全面开展宣传教育，提高广大船员防治船舶污染的自觉性。严格把控入湖船舶签证关，加强对进入水域船舶防污设施装备及使用情况的检查。加快船舶污染防治设施建设，在主要入湖口、运河等重点水域、航道，规划建设船舶垃圾收集站和油废水回收站，全面落实收集、处理措施，防止船舶污染入湖。建立船舶污染应急设备储备库，提高应急处置能力。

9.3.5　人为活动的管理

1. 工作人员管理

工程维护人员需制定设备台账、运行记录、定期巡视、交接班、安全检查等管理制度，以及岗位工艺系统图、操作和维护规程等技术文件，熟悉处理工艺技术指标和设施、设备运行要求，经技术培训和生产实践，考试合格后方可上岗；维护过程中应遵守岗位职责，坚持做好交接班和巡视工作，安保人员需严格执行经常性和定期性安全检查，及时排除事故隐患，监测人员应定期对目标湖体水质检测和记录，清洁人员则需定期清理工程区内垃圾、枯枝落叶等废弃物。

2. 居民活动管理

1）制定法规条例

受损湖泊生态修复工作关键是要减少人为的干扰破坏，因此，制定政策法规是开展修复工作的保证，没有一定的政策法规，生态修复工程将难以长期地坚持开展下去。政府可根据相关法律，结合当地实际情况，制定出台有关湖泊生态修复的政策与法规，以保障生态修复工作健康发展。

2）宣传教育

利用电视、报刊、广播、宣传牌、宣传单等多种形式进行生态修复工程的宣传，使广大市民意识到生态修复的重要性，逐步提高群众投入到湖泊生态修复工程建设中的自觉性和积极性。

3）设置警示牌

可以在修复工程区域设置相应的警示牌以示群众该区域禁止大型人为活动。必要时可采取封禁治理，在修复区内制定封禁范围，并公告于民，设立封禁宣传牌，组织建立管护队伍，经过培训上岗，实行每日例行巡查，加强生态修复工程的管护工作，确保修复工程后期的良性运行。

9.4　本章小结

根据自然环境的差异性和湖泊环境整治的区域特色，结合湖泊生态修复工程维护与管理的实际情况，本章对我国长江中下游湖区的生态修复工程情况进行了梳理，并提出了保障生态修复工程长效运行存在的维护管理问题及技术需求。基于长江中下游湖区水生态系统演变过程及趋势，识别湖泊水体受损特征、演变趋势及主要影响因素，通过系统收集"水专项"中湖泊生态修复已有水体修复技术及工程案例，针对长江中下游湖区的自然地理特征、主要生态功能和水体受损阶段，提出不同修复工程运行维护管理策略及建议。

需要重点考虑管理制度、运行机制、资金保障等因素，建立健全受损湖泊修复工程长效运行维护保障机制。通过对生态修复工程的运行维护管理，保证其稳定运行，以期实现长江中下游湖区生态系统长期的健康和稳定。

第10章　我国湖泊生态修复面临的挑战与展望

我国湖泊富营养化和生态退化问题较为普遍,尤其是在人口密度高、社会经济水平发达及人类活动影响强烈的区域。从20世纪50年代开始,我国政府、科研人员及企业等对湖泊富营养化问题一直高度重视,投入了大量人力、物力和财力,开展了一系列富营养化湖泊调查评价、治理修复及管理等工作。近年来生态修复已成为富营养化湖泊治理与修复的重要内容。生态系统良性循环被认为是湖泊富营养化得到控制的主要标志,且已开展的湖泊生态修复研究与工程实践也已取得了一定的成效,积累了丰富的经验,但同时也面临诸多挑战。

10.1　我国湖泊生态修复面临的挑战

近二十年来,我国湖泊生态修复得到了快速发展,关于藻类水华控制、沉水植被修复、鱼类调控等方面的机理研究、技术研发和工程应用都有了较大突破,湖泊水质有了一定程度改善,但总体上湖泊生态恢复滞后于水质改善,大多数富营养化湖泊仍然呈藻型浊水态,藻华暴发风险依然较大。因此,我国湖泊生态修复任务十分艰巨,距离实现规模化生态修复还有很长的路要走。总结成功经验的同时,有必要梳理湖泊生态修复所面临的挑战,主要包括氮磷营养盐浓度普遍较高、生物与环境条件关系不明和修复湖泊生态稳定性差等方面。

10.1.1　湖泊水体营养盐浓度普遍较高

我国富营养化湖泊普遍具有较高的氮磷营养盐浓度,一方面来源于点源污染和面源污染,另一方面来源于营养本底较高的底泥释放。特别是我国大部分富营养化湖泊为浅水湖泊,具有水深浅,风浪扰动大等特点,风浪等动力扰动作用下底泥营养物质会不断再悬浮而释放,使湖泊水体氮磷营养盐浓度居高不下,且底泥污染治理相对滞后(秦伯强,2020)。高营养盐条件给湖泊藻华治理和沉水植被生态重建等带来较大挑战;对于多数重污染湖泊而言,其尚不具备实施生态修复的条件,其首要任务是进一步降低水体营养盐浓度。

由此可见,尽管已经在部分湖泊高营养负荷条件下通过改善生境环境条件实现了草型生态系统的成功构建,但其范围仍然限于局部水域而不是全湖泊,并且其自我维持功能和稳定性仍然需要长期生态监测进行验证。因此,高营养盐胁迫仍然是我国湖泊生态系统最主要的胁迫,是湖泊生态修复成功与否的制约。

10.1.2　生物修复与环境条件修复关系不明

目前开展的湖泊生态修复工程已经充分认识到生境条件改善对于生物或生态修复的重要性。针对不同湖泊区域提出了沉水植物恢复对应的生境环境条件阈值,但这些阈值的确定往往是静态的,孤立的,是独立于其他的生境环境条件的,生物或生态修复与多种环境要素修复之间的多元相关关系并不明确,对于生物与环境要素之间,生物与生物之间,环境要素与环境要素之间相互作用的动态关联和协同反馈机制尚缺乏深入的探讨与研究。因此,已有的生物与环境条件之间相互作用关系研究及技术的进一步推广应用具有一定的局限性。

10.1.3　修复湖泊的生态系统稳定性差

我国目前开展的大多数湖泊生态修复都需要通过一定的工程技术措施来改善生境环境条件以恢复水生植被等生物种群,但修复初期的湖泊生态系统自我维持功能弱,稳定性差,极易在外界扰动下再次退化,尤其是当撤除用于保护和维持修复生态系统的相关工程设施后,新建立的生态系统可能迅速崩溃而再次发生退化(秦伯强,2007)。目前关于修复湖泊生态系统需要多长时间演替才能够成为一个具有较好的自我维持功能和较强稳定性的生态系统,这一问题仍然不清楚,需要进一步深入开展相关研究。因此,如何科学管护修复湖泊生态系统并进一步增强其稳定性是巩固湖泊生态修复成效所面临的巨大挑战。

10.2　我国湖泊生态修复展望

湖泊生态修复是一项长期的系统工程,需要经历很长的时间,其最终目的是使生态系统恢复到或修复到能够长期保持自我维持和稳定状态(秦伯强等,2005)。目前我国的湖泊生态修复虽取得了一定进展,并在部分区域成功构建了沉水植物群落和清水稳态,但距离实现长期自我维持且稳定的湖泊生态系统尚需时日,我国湖泊生态修复任重而道远。结合目前我国湖泊生态修复存在的营养盐浓度高、生物与生境环境条件关系不明和修复湖泊生态系统较脆弱等问题和挑战,本研究试图提出我国湖泊生态修复未来应重点关注的几个要点,包括持续加强外源入湖营养盐控制和内源污染负荷消减、开展基于生态系统完整性的湖泊生态修复和重视湖泊生态系统修复效果的稳定维持和综合调控管理等方面。

10.2.1　持续加强外源入湖营养盐控制和内源污染负荷削减

尽管我国部分湖泊已经通过生境修复实现了在高营养负荷条件下草型生态系

统构建，但营养盐仍然是湖泊浊清稳态转换过程中决定湖泊生态系统弹性的重要变量。尤其是在环境变化幅度（例如极端气候条件）日益增加的情况下，通过管理营养盐来构建和维持湖泊生态系统弹性较管理气候、水文等突变变量的干扰对于湖泊生态系统修复显得更为重要。因此，我国湖泊管理在通过改善生境条件恢复清水稳态的情况下，仍然需要持续加强入湖营养盐控制和内源污染负荷削减。坚持遵循"控源截污—生境改善—生态恢复"的技术路线，重视污染源控制和污染负荷削减。一方面，通过总量控制和提升污水处理厂氮磷排放标准等措施，实施更为严格的控磷控氮措施，强化对外源氮磷污染控制和负荷削减作用。另一方面，通过清淤捞藻等措施，削减泥源性和藻源性内负荷污染。

10.2.2　开展基于生态系统完整性的湖泊生态修复

湖泊生态系统具有完整性特征，且各组成要素之间相互联系、相互作用、相互制约，其中任何一个组分发生变化，都会引起其他组分和整个生态系统结构和功能的变化。因此，湖泊生态修复是一个整体修复的过程，是一项长期的系统工程，避免只针对单一要素的修复，需要遵循污染控制—生境改善—生物多样性提高的系统修复原则，重视生物修复对应的环境条件修复阈值的研究和确定，研究环境要素之间的相互关系及其对生物修复的影响及作用途径，强调生物或生态修复与对应的生境条件修复之间的相互关联和互作机制，从而实现对生态系统的整体保护与系统修复及综合治理。此外，我国不同湖泊差异很大，应加强湖泊的分区分类研究，按照不同湖泊类型制定针对性的生态修复方案。

10.2.3　重视湖泊生态系统修复效果的稳定维持和综合调控

实施人工强化的湖泊生态修复，其生态系统的自我维持功能和稳定性较差，在外界干扰下易于再次退化。因此，湖泊保护与修复不仅包括良好生态系统的构建，而且也包括对修复后生态系统的维持和稳定。目前对修复后的草型清水稳态生态系统尚缺乏维持其长效运行的整体方案。需进一步加强湖泊规模化生态系统调控与稳定性维持及生态系统功能提升技术的研发和标准制定，进一步深化流域水生态系统维护及管理技术，创新湖泊生态修复长效机制与制度建设，支撑我国大范围规模化河湖生态修复效果的稳定及提升。

10.3　本 章 小 结

我国近年来在湖泊生态修复机理创新、技术研发和工程示范及应用等方面都有了较大的突破和进展，但湖泊生态系统健康状况的改善仍较滞后，湖泊生态修复依然面临较为严峻的挑战。本研究分析探讨了我国目前湖泊生态修复所面临的主要挑战及难点，并对未来湖泊生态修复进行了展望。目前我国湖泊生态修复面临的主要挑战包括湖泊营养盐浓度普遍较高、生物修复与环境条件修复间的多元相关关系不明确、修复初期湖泊生态系统稳定性差，且易于发生再次退化等方面。今后我国湖泊生态修复应持续加强入湖营养盐控制和内源污染负荷削减、重点实施基于生态系统完整性的湖泊生态修复，并要重视生态修复效果的稳定维持和综合调控管理等要点，以支撑我国大范围规模化的湖泊生态修复。

主要参考文献

常锋毅, 潘晓洁, 康丽娟, 等. 2007. 利用 Phyto-PAM 研究不同环境因子对微囊藻(蓝藻)和小球藻(绿藻)相互竞争的影响. 中国海洋湖沼学会藻类学分会. 中国海洋湖沼学会藻类学分会第七届会员大会暨第十四次学术讨论会论文摘要集. 中国海洋湖沼学会藻类学分会: 中国海洋湖沼学会.

常剑波, 曹文宣. 1999. 通江湖泊的渔业意义及其资源管理对策. 长江流域资源与环境, 8(2): 153-157.

陈洪达, 何楚华. 1975. 武昌东湖水生维管束植物的生物量及其在渔业上的合理利用问题. 水生生物学集刊, 5(3): 410-419.

陈静, 孔德平, 范亦农, 等. 2012. 滇池湖滨带湿生乔木湿地构建技术研究. 环境科学与技术, 35(12): 100-103+145.

陈晓江. 2016. 鄂尔多斯高原湖泊动态及其生态系统功能研究. 呼和浩特: 内蒙古大学.

陈宇炜, 秦伯强, 高锡云. 2001. 太湖梅梁湾藻类及相关环境因子逐步回归统计和蓝藻水华的初步预测. 湖泊科学, 13(1): 63-71.

程建新, 肖佳媚, 陈明茹, 等. 2012. 兴化湾海湾生态系统退化评价. 厦门大学学报: 自然科学版, (05): 144-150.

邓明翔. 2012. 滇池流域生态补偿机制研究. 昆明: 云南财经大学.

邓文文, 王荣, 刘正文, 等. 2021. 模型揭示的浅水湖泊稳态转换影响因素分析. 地球科学进展, 36(01): 83-94.

丁庆章, 刘学勤, 张晓可. 2014. 水位波动对长江中下游湖泊湖滨带底质环境的影响. 湖泊科学, 26(3): 340-348.

董学荣. 2013. 滇池流域的农业开发与环境变迁. 农业考古, (06): 130-134.

窦明, 马军霞, 胡彩虹. 2007. 北美五大湖水环境保护经验分析. 气象与环境科学, (2): 20-22.

段洪涛, 张寿选, 张渊智. 2008. 太湖蓝藻水华遥感监测方法. 湖泊科学, 20(2): 145-152.

冯剑丰, 王洪礼, 朱琳. 2009. 生态系统多稳态研究进展. 生态环境学报, 18(4): 1553-1559.

高攀, 周忠泽, 马淑勇, 等. 2011. 浅水湖泊植被分布格局及草-藻型生态系统转化过程中植物群落演替特征: 安徽菜子湖案例. 湖泊科学, 23(01): 13-20.

高伟, 杜展鹏, 严长安, 等. 2019. 污染湖泊生态系统服务净价值评估——以滇池为例. 生态学报, 39(05): 1748-1757.

谷孝鸿, 曾庆飞, 毛志刚, 等. 2019. 太湖 2007—2016 十年水环境演变及 "以渔改水" 策略探讨. 湖泊科学, 31(2): 305-318.

郭培章. 2003. 中外水体富营养化治理案例研究. 北京: 中国计划出版社.

郭艳敏, 高月香, 张毅敏, 等. 2016. 鲴对食微囊藻鲢鳙排泄物及藻活性的作用研究. 中国环境科学, 36(12): 3784-3792.

过龙根, 谢平, 倪乐意, 等. 2007. 巢湖渔业资源现状及其对水体富营养化的响应研究. 水生生物学报, 31(05): 700-705.

何俊, 谷孝鸿, 刘国锋. 2009. 东太湖网围养蟹效应及养殖模式优化. 湖泊科学, 21(4): 523-529.

黄亚, 傅以钢, 赵建夫, 等. 2005. 富营养化水体水生植物修复机理的研究进展. 农业环境科学学报, 24(s1): 379-383.

贾璐颖. 2015. 湖泊富营养化治理技术集成方法研究. 天津: 天津大学.

江和龙, 王昌辉, 白雷雷, 等. 2020. 湖泊环境科学与工程技术研究进展探讨. 湖泊科学, 32(5): 1278-1296.

金相灿, 等. 2013. 湖泊富营养化控制理论、方法与实践. 北京: 科学出版社.

金相灿, 胡小贞. 2010. 湖泊流域清水产流机制修复方法及其修复策略. 中国环境科学, (3): 88-93.

金相灿. 2001. 湖泊营养化控制和管理技术. 北京: 化学工业出版社.

孔繁翔, 高光. 2005. 大型浅水湖泊的蓝藻水华形成机理研究的思考. 生态学报, 25(3): 589-595.

孔繁翔, 马荣华, 高俊峰, 等. 2009. 太湖蓝藻水华的预防、预测和预警的理论与实践. 湖泊科学, 21(3): 314-328.

李博. 2000. 生态学. 北京: 高等教育出版社.

李广宇, 陈爽, 余成, 等. 2015. 长三角地区植被退化的空间格局及影响因素分析. 长江流域资源与环境, (4): 572.

李惠梅, 张雄, 张俊峰, 等. 2014. 自然资源保护对参与者多维福祉的影响——以黄河源头玛多牧民为例. 生态学报, (22): 6767-6777.

李建松. 2016. 淡水池塘蓝藻水体细菌群落结构的研究. 上海: 上海海洋大学.

李堃. 2006. 云南高原湖泊特有鱼类的生物学与遗传多样性研究. 武汉: 中国科学院研究生院 (水生生物研究所).

李萍. 2020. 洱海富营养化评价及其影响因素分析. 环境科学导刊, 39(05): 75-79.

李伟, 尹黎燕. 2008. 沉水植物光合作用测定的电化学方法. 武汉植物学研究, (01): 99-103.

李英杰, 金相灿, 胡社荣, 等. 2008. 湖滨带类型划分研究. 环境科学与技术, 31(7): 21-24.

李玉照, 刘永, 赵磊, 等. 2013. 浅水湖泊生态系统稳态转换的阈值判定方法. 生态学报, 33(11): 3280-3290.

李源. 2010. 白洋淀水环境稳态特征研究. 济南: 山东师范大学.

厉恩华. 2006. 大型水生植物在浅水湖泊生态系统营养循环中的作用. 武汉: 中国科学院武汉植物园.

林祖亨, 梁舜华. 2002. 探讨运用多元回归分析预报赤潮. 海洋环境科学, 21(3): 1-4.

刘建康, 黄祥飞, 林婉莲, 等. 1995. 东湖生态学研究. 北京: 科学出版社.

刘建康, 谢平. 2003. 用鲢鳙直接控制微囊藻水华的围隔试验和湖泊实践. 生态科学, 22(3): 193-198.

刘永, 郭怀成, 周丰, 等. 2006. 湖泊水位变动对水生植被的影响机理及其调控方法. 生态学报, 9: 347-356.

刘永定, 常锋毅, 潘晓洁, 等. 2007. 淡水生态系统稳态转换理论及其指导意义. 中国海洋湖沼学会藻类学分会第七届会员大会暨第十四次学术讨论会论文摘要集.

卢慧斌. 2015. 云南三个大型湖泊枝角类响应生态环境变化的长期特征. 昆明: 云南师范大学.

马健荣, 邓建明, 秦伯强, 等. 2013. 湖泊蓝藻水华发生机理研究进展. 生态学报, 33(10): 3020-

3030.

马荣华, 戴锦芳. 2005. 结合 Landsat ETM 与实测光谱估测太湖叶绿素及悬浮物含量. 湖泊科学, 17(2): 97-103.

马雅雪, 姚维林, 袁赛波, 等. 2019. 长江干流宜昌—安庆段大型底栖动物群落结构及环境分析. 水生生物学报, 43(3): 634-642.

毛志刚, 谷孝鸿, 曾庆飞, 等. 2011. 太湖渔业资源现状(2009—2010 年)及与水体富营养化关系浅析. 湖泊科学, 23(6): 967-973.

倪乐意. 2018. 富营养化初期湖泊退化生境综合改善技术体系. 湖北省, 中国科学院水生生物研究所, 7-25.

年跃刚, 宋英伟, 李英杰, 等. 2006. 富营养化浅水湖泊稳态转换理论与生态恢复探讨. 环境科学研究, 19(1): 67-70.

潘珉, 高路. 2010. 滇池流域社会经济发展对滇池水质变化的影响. 中国工程科学, 12(6): 117-122.

秦伯强, 高光, 胡维平, 等. 2005. 浅水湖泊生态系统恢复的理论与实践思考. 湖泊科学, 17(1): 9-16.

秦伯强, 高光, 朱广伟, 等. 2013. 湖泊富营养化及其生态系统响应. 科学通报, 58(10): 855-864.

秦伯强. 2002. 长江中下游浅水湖泊富营养化发生机制与控制途径初探. 湖泊科学, 14(3): 193-202.

秦伯强. 2007. 湖泊生态恢复的基本原理与实现. 生态学报, 27(11): 4848-4858.

秦伯强. 2020. 浅水湖泊湖沼学与太湖富营养化控制研究. 湖泊科学, 32(5): 1229-1243.

邱东茹, 吴振斌, 况琪军, 等. 1998. 不同生活型大型植物对浮游植物群落的影响. 生态学杂志, 17(6): 22-27.

邱东茹, 吴振斌, 刘保元, 等. 1997. 武汉东湖水生植物生态学研究: Ⅱ. 后湖水生植被动态和水体性质. 武汉植物学研究, 15(2): 123-130.

茹辉军, 刘学勤, 黄向荣, 等. 2008. 大型通江湖泊洞庭湖的鱼类物种多样性及其时空变化. 湖泊科学, 20(1): 93-99.

申强, 雷继成. 2012. 陕北生态恢复的调查分析. 宁夏农林科技, 53(8): 19-20+58.

史岩松. 2010. 高原断陷湖大水体污染治理的生态化转轨. 昆明: 昆明理工大学.

宋碧玉, 曹明, 谢平. 2000. 沉水植被的重建与消失对原生动物群落结构和生物多样性的影响. 生态学报, (2): 270-276.

宋菲菲, 胡小贞, 金相灿, 等. 2013. 国外不同类型湖泊治理思路分析与启示. 环境工程技术学报, 3(2): 156-162.

陶希东. 2009. 美加五大湖地区水质管理体制: 经验与启示. 社会科学, (6): 25-32+187.

涂建峰, 江小年, 郑丰. 2007. 欧洲湖泊富营养化治理战略研究. 水利水电快报, (14): 10-13.

涂建峰, 郑丰. 2007. 美国湖泊富营养化治理战略研究. 水利水电快报, 28(14): 5.

汪贞, 李根保, 王高鸿, 等. 2011. 基于模糊评价法的洱海稳态阶段分析. 水生态学杂志, 32(3): 53-58.

王洪铸, 刘学勤, 王海军. 2019. 长江河流-泛滥平原生态系统面临的威胁与整体保护对策. 水生生物学报, 43(S1): 157-182.

王明翠, 刘雪琴, 张建辉. 2002. 湖泊富营养化评价方法及分级标准. 中国环境监测, 18(5): 47-

49.

王琦, 高晓奇, 杨红军, 等. 2017. 滇池沉水植物分布区域水环境现状与健康评价. 生态环境学报, 26(08): 1392-1402.

王少鹏. 2020. 食物网结构与功能: 理论进展与展望. 生物多样性, 28(11): 1391-1404.

王圣瑞, 储昭升. 2015. 洱海富营养化控制技术与应用设计. 北京: 科学出版社.

王圣瑞, 段彪. 2018. 我国湖泊富营养化及保护治理需求. 民主与科学, 2018(5): 21-24.

王圣瑞, 倪兆奎, 席海燕. 2016. 我国湖泊富营养化治理历程及策略. 环境保护, 44(18): 15-19.

王圣瑞. 2015. 我国湖泊生态演变与保护管理. 北京: 科学出版社.

王心. 2017. 洱海流域入湖河流清水产流机制修复技术集成. 西安: 西安科技大学.

王玉智. 2021. 白洋淀富营养化的防治与生态修复探讨. 低碳世界, 11(02): 14-15.

王志强, 崔爱花, 缪建群, 等. 2017. 淡水湖泊生态系统退化驱动因子及修复技术研究进展. 生态学报, 37(18): 6253-6264.

吴迪. 2011. 上海大莲湖湖滨带湿地修复效果评价及关键因子分析. 上海: 华东师范大学.

吴庆龙, 谢平, 杨柳燕, 等. 2008. 湖泊蓝藻水华生态灾害形成机理及防治的基础研究. 地球科学进展, 23(11): 1115-1123.

吴思枫, 梁中耀, 刘永. 2018. 富营养湖泊稳态转换的恢复时间及影响因素模拟研究. 北京大学学报(自然科学版), 54(05): 1095-1102.

吴振斌, 陈德强, 邱东茹, 等. 2003. 武汉东湖水生植被现状调查及群落演替分析. 重庆环境科学, 25(8): 54-58+62.

肖义, 郑庄, 陶雷, 等. 2012. 浅析长江流域湖泊水资源及其保护对策. 人民长江, 2012(s2): 164-166.

谢平. 2003. 鲢、鳙与藻类水华控制. 北京: 科学出版社.

谢平. 2009. 翻阅巢湖的历史——蓝藻、富营养化及地质演化. 北京: 科学出版社.

谢贻发. 2008. 沉水植物与富营养湖泊水体、沉积物营养盐的相互作用研究. 广州: 暨南大学.

邢伟, 刘寒, 刘贵华. 2015. 生态化学计量学在水生态系统中的研究与应用. 植物科学学报, 33(5): 608-619.

熊剑, 喻方琴, 田琪, 等. 2016. 近30年来洞庭湖水质营养状况演变特征分析. 湖泊科学, 28(6): 1217-1225.

薛云, 赵运林, 张维, 等. 2015. 基于 MODIS 数据的 2000—2013 年洞庭湖水华暴发时空分布特征. 湿地科学, 13(4): 387-392.

杨桂山, 马荣华, 张路, 等. 2010. 中国湖泊现状及面临的重大问题与保护策略. 湖泊科学, 22(6): 799-810.

杨桂山, 于兴修, 李恒鹏, 等. 2004. 流域综合管理发展的历程、经验启示与展望. 湖泊科学, 16(Z1): 1-10.

杨锡臣, 窦鸿身, 江宪榟等. 1982. 长江中下游地区湖泊的水文特点与资源利用问题. 自然资源, 1: 47-54.

姚云辉, 马巍, 施国武, 等. 2019. 滇池入湖河流水质目标精细化管理需求研究. 长江科学院院报, 36(4): 13-18.

叶碧碧. 2011. 洱海湖滨带挺水植物对湖体水环境影响及收割参数研究. 安徽: 安徽农业大学.

袁冬海, 何连生, 雷红军, 等. 2016. 草型湖泊富营养化控制原理与技术. 北京: 中国环境出版社.

袁赛波, 张晓可, 刘学勤, 等. 2019. 长江中下游湖泊水生植被的生态水位管理策略. 水生生物学报, 43(S1): 104-109.

张国华, 曹文宣, 陈宜瑜. 1997. 湖泊放养渔业对我国湖泊生态系统的影响. 水生生物学报, 12(3): 271-280.

张欢. 2012 浅水湖泊鱼类营养生态位与食物网结构特征对策. 武汉: 中国科学院水生生物研究所.

张楠, 韦朝阳, 杨林生. 2013. 淡水湖泊生态系统中砷的赋存与转化行为研究进展. 生态学报, 33(2): 337-347.

张亚丽. 2018. 青藏高原东部农田土壤质量与土壤碳库研究. 咸阳: 西北农林科技大学.

张毅敏, 周创, 高月香, 等. 2015. 不同水动力条件下鲴、三角帆蚌的组合对富营养化水体的净化作用. 环境工程学报, 9(3): 1109-1116.

张运林, 秦伯强, 朱广伟. 2020. 过去 40 年太湖剧烈的湖泊物理环境变化及其潜在生态环境意义. 湖泊科学, 32(5): 1348-1359.

张运林, 张毅博, 秦伯强, 等. 2019. 长江中下游湖泊生态空间演变过程及影响因素. 环境与可持续发展, 44(5): 33-36.

章宗涉. 1998. 水生高等植物-浮游植物关系和湖泊营养状态. 湖泊科学, (4): 83-86.

赵解春, 白文波, 山下市二, 等. 2011. 日本湖泊地区水质保护对策与成效. 中国农业科技导报, 13(06): 126-134.

赵凯. 2017. 太湖水生植被分布格局及演变过程. 南京: 南京师范大学.

赵磊, 刘永, 李玉照, 等. 2014. 湖泊生态系统稳态转换理论与驱动因子研究进展. 生态环境学报, 23(10): 1697-1707.

钟爱文, 宋鑫, 张静等. 2017. 2014 年武汉东湖水生植物多样性及其分布特征. 环境科学研究, 30(3): 398-405.

朱广伟, 许海, 朱梦圆, 等. 2019. 三十年来长江中下游湖泊富营养化状况变迁及其影响因素. 湖泊科学, 31(6): 1510-1524.

朱伟, 陈怀民, 王若辰, 等. 2019. 2017 年太湖水华面积偏大的原因分析. 湖泊科学, 31(3): 621-632.

Acharya S, Pattarkine V M, Knud-Hansen C F, et al. 2010. Lake and Reservoir Management. Water Environment Research, 75(10): 1-63.

Bayley S E, Prather C M. 2003. DO wetland lakes exhibit alternative stable states? Submersed aquatic vegetation and chlorophy in western boreal shallow lakes. Limnology and Oceanography, 48(6): 2335-2345.

Beisner B E, Haydon D T, Cuddington K. 2003. Alternative stable states in ecology. Frontiers in Ecology and the Environment, 1(7): 376-382.

Borman F H, Likens G E. 1981. Pattern and process in forested ecosystem. New York: Springer-Verbag.

Brix H. 1994. Functions of macrophytes in constructed wetlands. Water Science & Technology, 29(4): 71-78.

Brix H. 1997. Do macrophytes play a role in constructed treatment wetlands?. Water Science and Technology, 35(5): 11-17.

Carpenter S R, Lodge D M. 1986. Effects of submersed macrophytes on ecosystem processes. Aquatic

Botany, 26: 341-370.

Chang K W, Shen Y, Chen P C. 2004. Predicting algal bloom in the Techi reservoir using Landsat TM data. International Journal of Remote Sensing, 25(17): 3411-3422.

Chen F Z, Chen M J, Kong F X, et al. 2012. Species-dependent effects of crustacean plankton on a microbial community, assessed using an enclosure experiment in Lake Taihu, China. Limnology & Oceanography, 57(6): 1711-1720.

Chen J, Xie P, Li L, et al. 2009. First identification of the hepatotoxic microcystins in the serum of a chronically exposed human population together with indication of hepatocellular damage. Toxicological Sciences, 108(1): 81-89.

Coveney M F, Stites D L, Lowe E F, et al. 2002. Nutrient removal from eutrophic lake water by wetland filtration, 19(2): 141-159.

Cracknell A P, Newcombe S K, Black A F, et al. 2001. The ABDMAP (Algal Bloom Detection, Monitoring and Prediction) concerted action. International Journal of Remote Sensing, 22(2-3): 205-247.

De Backer S, Teissier S, Triest L. 2012. Stabilizing the clear-water state in eutrophic ponds after biomanipulation: submerged vegetation versus fish recolonization. Hydrobiologia, 689, 161-176.

Dunne E J, Coveney M F, Marzolf E R, et al. 2012. Efficacy of a large-scale constructed wetland to remove phosphorus and suspended solids from Lake Apopka, Florida. Ecological Engineering, 42: 90-100.

Elser J J, Fagan W F, Kerkhoff A J, et al. 2010. Biological stoichiometry of plant production: metabolism, scaling and ecological response to global change. New Phytol, 186(3): 593-608.

Ewald N C, Hartley S E, Stewart A J A. 2013. Climate change and trophic interactions in model temporary pond systems: the effects of high temperature on predation rate depend on prey size and density. Freshwater Biology, 58(12): 2481-2493.

Ferber L R, Levine S N, Lini A, et al. 2004. Do cyanobacteria dominate in eutrophic lakes because they fix atmospheric nitrogen? Freshwater Biology, 49: 690-708.

Havens K E, Fukushima T, Xie P, et al. 2001. Nutrient dynamics and the eutrophication of shallow lakes Kasumigaura (Japan), Donghu (PR China), and Okeechobee (USA). Environmental Pollution, 111(2): 263-272.

He H, Jin H, Jeppesen E, et al. 2018. Fish-mediated plankton responses to increased temperature in subtropical aquatic mesocosm ecosystems: Implications for lake management. Water Research, 144: 304-311.

Holling G S. 1973. Resilience and statblity of ecological systems. Annual Review of Ecological Systems, 4: 1-23.

Hu W P, Sven S J, Zhang F B. 2006. A vertical-compressed three-dimensional ecological model in Lake Taihu, China. Ecological Modelling, 190(3-4): 367-398.

Ibelings B W, Portielje R, Lammens E, et al. 2007. Resilience of alternative stable states during the recovery of shallow lakes from eutrophication: Lake Veluwe as a case study. Ecosystems, 10(1): 4-16.

Jancula D, Míkovcová M, Adámek Z, et al. 2008. Changes in the photosynthetic activity of Microcystis colonies after gut passage through Nile tilapia (*Oreochromis niloticus*)and silver carp

(*Hypophthalmichthys molitrix*). Aquaculture Research, 39(3): 311-314.

Jia P, Zhang W, Liu Q. 2013. Lake fisheries in China: challenges and opportunities. Fisheries Research, 140: 66-72.

Keddy & Fraser. 2000. Four general principles for the management and conservation of wetlands in large lakes: The role of water levels, nutrients, competitive hierarchies and centrifugal organization. Lakes & Reservoirs: Research & Management, 5(3): 177-185.

Lewontin R C. 1969. The meaning of stability. Brookhaven Symposia in Biologia, 22: 13-24.

Li Y, Xie P, Zhang J, Tao M, et al. 2017. Effects of filter-feeding planktivorous fish and cyanobacteria on structuring the zooplankton community in the eastern plain lakes of China. Ecological Engineering, 99: 28-245.

Lindeman R L. 1942. The trophic-dynamic aspect of ecology. Ecology, 23: 399-417.

Liu L Z, Huang Q, Qin B Q. 2018. Characteristics and roles of Microcystis extracellular polymeric substances (EPS) in cyanobacterial blooms: A short review. Journal of Freshwater Ecology, 33 (1): 183-193.

Maberly S C, King L, Dent M M, et al. 2002. Nutrient limitation of phytoplankton and periphyton growth in upland lakes. Freshwater Biology, 47, 2136-2152.

Marino N A C, Romero G Q, Farjalla V F. 2018. Geographical and experimental contexts modulate the effect of warming on top-down control: A meta-analysis. Ecology Letters, 21(3): 455-466.

May R M, 1977. Thresholds and breakpoints in ecosystems with a multiplicity of stable staes. Nature, 269: 471-477.

McQueen D J, Johannes M, Post J R, et al. 1989. Bottom-up and top-down impacts on freshwater pelagic community structure. Ecological Monographs, 59(3): 289-309.

Middelboe A L, Markager S. 2010. Depth limits and minimum light requirements of freshwater macrophytes. Freshwater Biology, 37(3): 553-568.

Ochumba P B O, Kibaar D. 1989. Observations on blue-green algal blooms in the open waters of Lake Victoria, Kenya. African Journal of Ecology, 27(1): 23-24.

Ostendorp W, Iseli C, Krauss M, et al. 1995. Lake shore deterioration, reed management and bank restoration in some Central European lakes. Ecological Engineering, 5(1): 51-75.

Persson J, Fink P, Goto A, et al. 2010. To be or not to be what you eat: Regulation of stoichiometric homestasis among autotrophs and heterotrophs. Oikos, 119(5): 741-751.

Qin B Q, Paerl H W, Brookes J D, et al. 2019. Why Lake Taihu continues to be plagued with cyanobacterial blooms through 10 years (2007—2017)efforts. Science Bulletin, 64(6): 354-356.

Recknagel F. 1997. ANNA-Artificial Neural Network model for predicting species abundance and succession of blue-green algae. Hydrobiologia, 349(1-3): 47-57.

Reynolds C S. 1987. Cyanobacterial water-blooms. Advances in Botanical Research, 13(4): 67-143.

Ruley J E, Rusch K A. 2003. An assessment of long-term post-restoration water quality trends in a shallow, subtropical, urban hypereutrophic lake. Ecological Engineering, 19(4): 265-280.

Saint-Aubin J, Leblanc J. 2006. A simple tool for the early prediction of the cyanobacteria Nodularia spumigena bloom biomass in the Gulf of Finland. Oceanologia, 48(S): 213-229.

Scheffer M, Carpenter S R. 2003. Catastrophic regime shifts in ecosystems: Linking theory to observation. Trends in Ecology and Evolution, 18(12): 648-656.

Scheffer M, Carpenter S, Foley J A, et al. 2001. Catastrophic shifts in ecosystems. Nature, 413: 591-596.

Scheffer M, Hosper S H, Meijer M-L, et al. 1993. Alternative equilibria in shallow lakes. Trends in Ecology & Evolution, 8(8): 275-279.

Scheffer M, van Nes E H. 2007. Shallow lakes theory revisited: Various alternative regimes driven by climate, nutrients, depth and lake size. Hydrobiologia, 584, 455-466.

Scheffer M. 1990. Multiplicity of stable states in freshwater systems. Hydrobiologia, 200/201: 475-487.

Schindler D W. 1974. Eutrophication and recovery in experimental lakes: Implications for lake management. Science, 184, 897-899.

Scott J T, McCarthy M J. 2010. Nitrogen fixation may not balance the nitrogen pool in lakes over timescales relevant to eutrophication management. Limnology and Oceanography, 55, 1265-1270.

Shapiro J, Lamarra V, Lynch M. 1975. Biomanipulation: An ecosystem approach to lake restoration// Brezonit P L, Fox J L. Proceedings of a symposium on quality management through biological control. Gainesville: University of Florida: 85-96.

Shi K, Zhang Y L, Zhang Y B, et al. 2019. Phenology of phytoplankton blooms in a trophic lake observed from long-term MODIS data. Environmental Science and Technology, 53(5): 2324-2331.

Spencer C N, King D L. 1987. Regulation of blue-green algal buoyancy and bloom formation by light, inorganic nitrogen, CO_2, and trophic level interactions. Hydrobiologia, 144(2): 183-191.

Squires M M, Lesack L F W, et al. 2002. Water transparency and nutrients as controls on phytoplankton along a flood-frequency gradient among lakes of the Mackenzie Delta, western Canadian Arctic. Canadian Journal of Fisheries and Aquatic Sciences, 59(8): 1339-1349.

Su H, Wu Y, Xia W, et al. 2019. Stoichiometric mechanisms of regime shifts in freshwater ecosystem. Water Research, 149: 302-310.

Tao S L, Fang J Y, Ma S H, et al. 2020. Changes in China's lakes: Climate and human impacts. National Science Review. 7: 132-140.

Teles L O, Vasconcelos V, Teles L O, et al. 2006. Time series forecasting of cyanobacteria blooms in the crestuma reservoir (Douro River, Portugal) using artificial neural networks. Environmental Management, 38(2): 227-237.

Thompson R M, Brose U, Dunne J A, et al. 2012. Food webs: Reconciling the structure and function of biodiversity. Trends in Ecology & Evolution, 27: 689-697.

Thompson R M, Hemberg M, Starzomski B M, et al. 2007. Trophic levels and trophic tangles: The prevalence of omnivory in real food webs. Ecology, 88: 612-617.

Van Nes E H, Scheffer M, Van den Berg M S, et al. 2002. Dominance of charophytes in eutrophic shallow lakes: When should we expect it to be an alternative stable state?. Aquatic Botany 72: 275-296.

Wei B, Sugiura N, Maekawa T. 2001. Use of artificial neural network in the prediction of algal blooms. Water Research, 35(8): 2022-2028.

With J S, Wright D I. 1984. Lake restoration by biomanipulation: Round Lake, Minnesota, the first two years. Freshwater Biology, 14(4): 371-383.

Wu Y, Wang Z. 2002. Numerical simulation of 1998 red tide of the bohai sea. International Journal of Sediment Research, 3: 2-12.

Xing W, Wu H P, Shi Q, et al. 2015. Multielement stoichiometry of submerged macrophytes across Yunnan plateau lakes (China). Scientific Reports, 5: 10186.

Xu H, Paerl H W, Qin B, et al. 2010. Nitrogen and phosphorus inputs control phytoplankton growth in eutrophic Lake Taihu, China. Limnology and Oceanography, 55: 420-432.

Yang Z, Zhang M, Shi X L, et al. 2016. Nutrient reduction magnifies the impact of extreme weather on cyanobacterial bloom formation in large shallow Lake Taihu (China). Water Research, 103: 302-310.

Zhang K, Dong X H, Yang X D, et al. 2018. Ecological shift and resilience in China's lake systems during the last two centuries. Global and Planetary Change, 165: 147-159.

Zhang M, Duan H, Shi X, Zhang Q Y et al. 2012. Contributions of meteorology to the phenology of cyanobacterial blooms: implications for future climate change. Water Research, 46(2): 442-452.

Zhang M, Yu Y, Yang Z, et al. 2012. Photochemical responses of phytoplankton to rapid increasing-temperature process. Phycological Research, 60(3), 199-207.

Zhang Y, Cheng L, Li K Y, et al. 2019. Nutrient enrichment homogenizes taxonomic and functional diversity of benthic macroinvertebrate assemblages in shallow lakes. Limnology and Oceanography, 64, 1047-1058.

Zong J M, Wang X X, Zhong Q Y, et al. 2019. Increasing outbreak of cyanobacterial blooms in large lakes and reservoirs under pressures from climate change and anthropogenic interferences in the middle-lower Yangtze River Basin. Remote Sensing, 11(15): 1754.

附录 A 主要湖泊生态修复技术清单

工程类别	技术名称
入湖污染物拦截及生态控制工程	前置库技术
	入湖污染源控制与负荷削减集成技术
	土地/沟塘处理系统功能强化技术
	生态绿地处理技术
	河岸生态物拦截技术
	河口湿地生态重建技术
	河道旁路人工造湿地净化技术
	重污染支流原位污染削减技术
	静脉河道低污染水负荷削减技术
	地表径流多级调蓄与水质净化技术
	河湖一体化生态补水技术
	湿地型河道构建技术
	溢流雨污水就地生态消纳技术
	复合式生态回廊技术
	折弯河道原位生态技术集成
	混排水中污染物高效拦截技术
缓冲带与湖滨带生态修复工程	圩区沟塘系统环境友好模式构建技术
	高效生物生态景观联动处理技术
	垂直驳岸河湖滨水湿地构建技术
	湖滨-缓冲带生态建设成套技术
	低成本的支浜水质净化与生态修复技术
	草林复合系统构建中选种与平衡配置技术
	漂浮型人工湿地原位强化处理技术
	适用于水位变化大流速大流速大水域的圆形可装卸生态浮床技术
	大堤型湖滨-缓冲带污染控制与生态建设技术体系
	河流泥沙截留及水质改善组合式丁坝群构建技术

续表

工程类别	技术名称
缓冲带与湖滨带 生态修复工程	圩区湖滨缓冲带滞留型湿地与土地处理技术
	圩堤消落区生境调控与生态修复技术
	缓坡消落带生态保护与污染负荷削减技术
	湖盆消落带湿地构建及水质改善技术
	高效除磷生态栅体构建技术
	湖滨带规模化退耕还湿及生态修复技术
	出湖河口区高效生态拦截技术
	溢流雨污水就地生态消纳技术
	湖滨区污染控制成套技术
	农田村落型低污染水新型经济植物湿地技术
	村落农田复合型低污染水高水力负荷生态砾石床技术
	缓冲带构建与低污染水处理集成技术
	规模化生态修复区基底改造、生态堤岸构建与生境改善集成技术
	陡坡消落带生态防护及减污截污技术
	陡岸湖滨带生态修复技术
	受损湖滨岸带基底修复及湿生乔木湿地构建技术
	沿岸带基底高程与物化条件重建技术
	适度人工强化的近自然湿地恢复技术
	卵带式先锋植物快速繁育与控制技术
	湖滨带稳定与植被扩增技术
	应对反季节水位变化的河、库岸多带多功能生态防护带技术
	高效富磷水生植物群落筛选与构建技术
	湖滨带（缓坡型）生物多样性恢复技术
	削减湖滨退耕区土壤存量污染负荷的生物群落构建技术
	入湖污染源控制与负荷削减集成技术
	输水沿线湖荡水质生物强化净化成套技术
	地表径流多级调蓄与水质净化技术
	低污染水营养盐快速移出技术
	入湖河口湿地生态重建技术
	适应大水位波动的漂浮湿地构建技术

续表

工程类别	技术名称
缓冲带与湖滨带 生态修复工程	沟-塘湿地系统磷的生态拦截技术
	大流量大水位波动航运河道湖口生态修复技术
	入湖河流原位及异位湿地生态修复技术
	沿岸低污染水的生态处理技术
	复杂水文过程典型支流生态化改造和水质提升技术
	入湖河口湿地退化硬质基底修复技术
	人工湿地水生植物季节性交替维稳技术
	入湖口导流、水力调控与强化净化技术
	湖荡引、布、排水优化及高效降氮水质改善技术
湖湾及浅水区 生态修复工程	有毒有害污染底泥环保疏浚技术
	湖泊底泥改性材料泥源内负荷控制技术
	生态覆膜泥源内负荷控制技术
	湖泊底质环境治理修复技术
	内源磷原位固化稳定化技术
	底质环境改善技术
	基于水生植物修复的泥源内负荷综合控制技术
	疏浚底泥快速脱水干化技术
	河湖浅水区水生植被诱导繁衍技术
	浅水湖泊沉水植物修复分区及定植技术
	沉水植被构建关键技术
	利用种子库恢复严重受损湖泊水生植物的关键技术
	水生植被面积扩增与群落优化技术
	水生植物群落重建及生物多样性恢复技术
	基于输水水质保障的湖区生态系统修复和保育技术
	湖泊水生植被防退化技术
	城市湖泊生态修复与文化景观协调建设原理和技术
	严重受损湖区创建生态系统修复条件的关键技术
	富营养化湖泊生态系统恢复技术
	受损生境评估、阈值辨识及改善技术

续表

工程类别	技术名称
湖湾及浅水区 生态修复工程	草型清水态构建与维持技术
	复合式生态回廊技术
湖泊敞水区 生态修复工程	半浸桨曝气湖泛应急处置技术
	湖泛消除的电化学氧化技术
	藻源性湖泛短期预测预警技术
	水体表层生态浮床藻源内负荷控制技术
	水体亚表层生态"水母"藻源内负荷控制技术
	湖湾蓝藻高效防控集成技术
	水生动物控藻
	高等植物控藻技术
	水华暴发过程关键阻断技术
	生态吸附复合植物浮床技术
	藻类生物控制与水华应急处置整装技术
	湖泊退化生境综合改善技术
	藻源性内负荷削减技术
	蓝藻物理阻截与导流技术
	湖泊蓝藻富集技术
	湖泊典型区域水面蓝藻物理过滤清除综合技术
	漂浮植物蓝藻拦截及风浪削减技术
	湖泊漂浮植物控养技术
	大型仿生式水面蓝藻清除技术
	可隐没式智能蓝藻拦截与导流技术
	船舶拖网藻类生物量采收技术
	人工造流控藻技术
	机械处置平台控藻技术
	集聚型藻华拦截和高效物理方法原位除藻成套技术
	湖泛絮凝沉降处置技术
	一体化高效蓝藻浓缩脱水收聚船技术
	针对富营养化湖泊内源污染的生态控藻除磷技术
	富藻水腐熟水解-厌氧-缺氧好氧氧化-生态处理技术

工程类别	技术名称
湖泊敞水区生态修复工程	丝状藻类异常增殖生态控制及高含水率、高有机质的底质营养盐释放控制技术
	湖泊污染物资源化技术
	利用短食物链进行低污染水体的生态恢复与水质改善技术
	浅水湖泊生态系统调控与稳定维持技术
	鱼类群落结构调控技术

附录 B 主要依托专项课题清单

序号	课题编号	课题名称	承担单位
1	2008ZX07102-005	湖泊生态系统退化调查与修复途径关键技术研究及工程示范	中国科学院水生生物研究所
2	2008ZX07103-004	湖泊直立堤岸基底改善与湖滨带生态修复技术及工程示范	中国科学院水生生物研究所
3	2008ZX07105-004	湖滨带生物多样性恢复与缓冲区建设技术及工程示范	中国环境科学研究院
4	2008ZX07105-005	湖泊水生态、内负荷变化研究与防退化技术及工程示范	中国环境科学研究院
5	2008ZX07105-006	典型湖湾水体水污染防治与综合修复技术及工程示范	中国科学院水生生物研究所
6	2009ZX07101-013	太湖湖体氮磷污染与蓝藻水华控制技术与工程示范	中国科学院南京地理与湖泊研究所
7	2009ZX07104-001	三峡水库水环境演化与水环境问题诊断研究	中国水利水电科学院
8	2009ZX07104-002	次级支流污染负荷削减技术研究与示范	重庆大学
9	2009ZX07104-003	三峡水库消落带生态保护与水环境治理关键技术研究与示范	重庆市环科院
10	2009ZX07104-004	三峡水库优化调度改善水库水质的关键技术研究	华北电力大学
11	2009ZX07104-005	三峡水库支流水华成因及控藻关键技术研究与工程示范	中科院水生生物研究所
12	2009ZX07104-006	三峡水库主要污染物总量控制方案与综合防治技术集成研究	中国水利水电科学院
13	2012ZX07101-002	东部浅水湖泊营养物基准标准及太湖达标应用研究	中国环境科学研究院
14	2012ZX07101-003	化工废水氮磷深度削减成套技术研究与工程示范子课题	南京理工大学
15	2012ZX07101-007	湖荡湿地重建与生态修复技术及工程示范	生态环境部南京环境科学研究所
16	2012ZX07101-008	入湖河流水质强化改善关键技术与集成技术研发及工程示范	河海大学

续表

序号	课题编号	课题名称	承担单位
17	2012ZX07102-004	滇池水体内负荷控制与水质综合改善技术研究及工程示范	中国环境科学研究院
18	2012ZX07103-002	重污染河道旁路净化与河口湿地生态重建技术及工程示范	中国科学院南京地理与湖泊研究所
19	2012ZX07103-003	巢湖湖滨带与圩区缓冲带生态修复技术与工程示范课题	中国科学院水生生物研究所
20	2012ZX07104-002	库区小流域磷污染综合治理及水华控制研究与示范课题	湖北省环境科学研究院
21	2012ZX07104-003	三峡库区及上游流域农村面源污染控制技术与工程	西南大学
22	2012ZX07104-004	三峡库区及上游流域农村面源污染控制技术与工程·	中国水利水电科学院
23	2012ZX07105-002	洱海低污染水处理与缓冲带构建关键技术及工程示范	中国环境科学研究院
24	2012ZX07105-004	洱海湖泊生境改善关键技术与工程示范	中国科学院水生生物研究所
25	2012ZX07105-004	洱海湖泊生境改善关键技术与工程示范课题	中国科学院水生生物研究所
26	2013ZX07101-014	太湖贡湖生态修复模式工程技术研究与综合示范	无锡市太湖新城发展集团有限公司
27	2013ZX07102-005	滇池草海水生态规模化修复关键技术与工程示范	中国科学院水生生物研究所
28	2017ZX07603-005	巢湖富营养化中长期治理方案和藻类水华全过程控制	中国科学院南京地理与湖泊研究所